"电子信息材料与器件国家级实验教学示范中心"系列规划教材

教育部"卓越工程师教育培养计划"系列

微电子专业实验教材系列丛书

微电子制造技术实验教程

王姝娅　戴丽萍　钟志亲　王　刚　杜江锋　编著

科学出版社

北　京

内 容 简 介

　　本书是面向微电子及相关专业的实验教程，以微电子器件制造过程为主线，重点阐述学生在微电子制造技术学习中必须掌握的基础知识和实验方法。第1、2章介绍清洗、氧化、扩散、离子注入、光刻、刻蚀、沉积等相关制造工艺的基础知识和基础实验，详细阐述各项单步工艺的实验原理、实验设备、实验方法和步骤。第3章介绍微电子器件制造过程中的物理性能测试实验和电学性能测试实验。第4章介绍二极管、肖特基二极管、三极管、CMOS管、集成电阻器等器件的制造以及集成运算放大器的参数测试、逻辑IC功能和参数的测试两个综合实验。全书共28个实验项目，各实验相对独立，不同学校可根据实际实验条件选用。

　　本书可作为高等院校微电子及相关专业的实验教材，也可作为教师和一般微电子制造工程技术人员的参考资料。

图书在版编目(CIP)数据

微电子制造技术实验教程 / 王姝娅等编著.— 北京：科学出版社，2015.5 (2020.1 重印)
电子信息材料与器件国家级实验教学示范中心系列规划教材
　ISBN 978-7-03-044494-3

　　Ⅰ.①微…　Ⅱ.①王…　Ⅲ.①微电子技术–实验–高等学校–教材　Ⅳ.①TN4–33

　　中国版本图书馆 CIP 数据核字（2015）第 116244 号

责任编辑：杨　岭　黄明冀 / 责任校对：杨悦蕾　黄明冀
责任印制：余少力 / 封面设计：墨创文化

科 学 出 版 社 出版
北京东黄城根北街16号
邮政编码：100717
http://www.sciencep.com

成都锦瑞印刷有限责任公司印刷
科学出版社发行　各地新华书店经销
*

2015 年 6 月第　一　版　开本：B5 (720×1000)
2020 年 1 月第三次印刷　印张：10 1/2
字数：220 千字
定价：29.00 元

出 版 说 明

——微电子专业实验教材系列丛书简介

微电子技术是新一代信息技术的基础与支撑，是信息存储、处理与执行控制的核心技术，它伴随着国民经济和社会信息化进程，渗透到主流行业的方方面面，成为带动整个国民经济增长的战略性要素。因此，国家对以集成电路为代表的微电子产业发展给予了前所未有的重视。2014 年，国务院印发了《国家集成电路产业发展推进纲要》，推出了一系列针对集成电路产业发展的政策和规划，对集成电路技术与产业发展以及微电子人才培养提出了新的布局和要求。

微电子专业作为一门专业性和应用性很强的学科，除了需要理论课程的支撑外，完备的实验教学也是必不可少的，特别是在"卓越工程师教育培养计划"中，动手能力更是教学中的重中之重。但是，我们通过调研，了解到国内尚没有微电子专业的系列实验教材，为此，出版一套微电子专业的系列实验教材将会是一件非常有意义的事情。

本系列实验教材以微电子专业的理论课程设置为依据，并综合考虑微电子产业的流程，划分了 4 本分册，包括《半导体物理与器件实验教程》《数字集成电路设计实验教程》《模拟集成电路设计实验教程》和《微电子制造技术实验教程》。微电子以及相关专业的学生可以根据学习阶段来选择配套的实验教程。

本系列实验教材的编委由电子科技大学微电子与固体电子学院的骨干教师组成。该学院成立于电子科技大学建校之时，经过半个多世纪的发展，在微电子专业领域积累了雄厚的实力，不仅在科研方面取得了诸多成果，在教书育人方面，也建立起了一支优秀的教师队伍。同时，在建设"电子信息材料与器件国家级实验教学示范中心"过程中，始终坚持以学科方向为主线，注重学科交叉和互补。依托国家重点学科，跨专业整合资源，打造电子信息领域的"材料制备-器件与电路设计-工艺制作-系统应用"综合性实验平台，并取得了丰富的实验教学成果。这一切都为本系列实验教材的编写打下了良好的基础。我们相信，本系列实验教程的出版会填补国内微电子专业系列实验教材的空白，为我国微电子技术的教育事业做出贡献。

《微电子专业实验教材系列丛书》编委会

主　　编　张怀武

副主编　于　奇　李　平　王忆文

编　　委（以姓氏笔画为序）

王　刚　王　靖　王向展　王姝娅

任　敏　刘　诺　杜江峰　杜　涛

李　辉　张国俊　罗小蓉　钟志亲

谢小东　蒋书文　戴丽萍

前　言

半导体技术的发展是所有电子产品行业发展的基础，其制造工艺和材料的发展促进了电路集成度的提高，特别是在微型芯片的关键元件制造方面，许多新技术不断涌现，从而使芯片运行速度更高、面积更小、成本更低。在晶体管制造方面，将低功耗、新型半导体材料、新的制造技术以及更薄的绝缘衬底等技术融合在一起。当今微电子制造技术发展的趋势可以简要概括为以下方面：①晶圆尺寸更大；②线宽更小；③新的封装技术；④技术的要求范围扩大；⑤向标准产品转换；⑥IC 功能集成。而这些环节的发展，需要相应的技术支撑，同时还需要相应的人才支撑。

本书是基于我校现有的微电子实验课程，针对微电子及相关专业的本科生，为培养学生的实验动手能力而编写的。关于微电子制造方面的书籍，往往理论基础知识比较多，而很少见到完整的关于微电子制造业的实验教材。因此，作者以加强实验教学为基础，以培养学生能力、为相关行业输送人才为目标，编写了关于微电子制造及集成的基础实验。其中工艺基础知识部分的内容简明扼要，未涉及理论推导及计算方面的知识，浅显易懂。单项基础实验部分范围涉及广泛，几乎囊括了所有的微电子工艺实验，从硅片清洗、氧化、扩散、离子注入、光刻、湿法及干法刻蚀到薄膜沉积等实验均有涵盖，且本书的重点放在培养学生的动手能力和注重实验的操作上。每个微电子制造的单项实验都有明确的实验目的、比较详细的实验原理、扼要明晰的实验内容及实验步骤，以及实验过程中要注意的重要事项和实验思考题。通过各种实验，学生在动手的过程中，参与意识和学习欲望不断增强，这样既能促进学生对老师所讲授的工艺理论知识内容的学习，又能加深对所学内容的理解和记忆，同时还促进了学生掌握基本的实验技能。这样既能培养学生的实验技能又能培养学生的创新思维能力。继单项基础实验之后，内容为与微电子制造相关的物理性能和器件的电学性能测试，物理性能测试包括二氧化硅厚度、方块电阻及结深的测试；电学性能测试包括了解晶体管图示仪及探针台的工作原理及使用方法，晶圆级的器件性能测试，例如，二极管的正向导通电压和反向击穿电压的性能测试，双极型晶体管的 I_c-V_c、I_c-I_b 特性及耐压特性的测试，MOS 管的输出特性、转移特性及耐压特性的测试；最后一部分为微电子制造综合实验，其中包括二极管、肖特基二极管、三极管、CMOS 管、集成电阻器 5 个器件制造实验及集成运算放大器的参数、逻辑 IC 功能和参数两个测试实验。集成制造实验包括详细的实验内容和实验步骤，以及详细的实验工艺流程及其图示，使实验内容及流程从复杂抽象走向简单视觉化。这样既能简化实验的难度又能激发学生对实验的兴趣，尤其是从单项实验到工艺集成、到器件的完整制备、再到器件的性能测试的一个完整流程，学生既能掌握工艺知识又能掌握器件的相关特性。通过全程工艺及测试实验，学生从中能发现问题并解决问题，从而达到对学生综合能力的全面培养和训练的目的，这是单纯讲授理论知识难以达到的效果。因此，本书对于微电子技术及相关专业的本科学生来说，是很值得期待的。因为当今微电子技术制造业的发展迫切需要相应的人才作支撑，大学作为一个人才培养的摇篮和基地，就应该将教学和学生的就业需求紧密联系起来。本书正是适应这样的要求，从内容的编写、实验内容的调整及完整的实验运行机制可以看出，均以学生就业为导向，实现了理论与实验环节的结合，从而提高了本科实验教学质量、培养了大学生的创新能力。

在本书的编写过程中，电子科技大学张国俊教授提出了很多宝贵意见和建议，并对全书进行了认真审阅，在此表示衷心感谢。王向展副教授在综合测试实验的编写过程中给予了很大帮助，在此表示衷心感谢。本书是在原有实验基础上编写而成，使用了大量前人成果，在参考文献中已经列出，在此对所有原作者表示感谢。

由于作者编写水平有限，书中难免存在疏漏和不足，恳请广大读者批评指正。

目　　录

第1章 基础知识

1.1 硅 片

硅是一种半导体材料，位于元素周期表的Ⅳ族，有无定形体和晶体两种类型。硅作为一种常见元素，通常不以纯硅的形式存在，而是以氧化物和硅酸盐的形式存在于自然界中，例如，沙砾、石英的主要成分是硅的氧化物，岩石的主要成分就是硅酸盐。

在微电子制造中使用的硅是单晶结构，首先是将石英砂还原后制成半导体级高纯度多晶硅，然后再由多晶硅经过晶体生长而形成的。在拉制单晶时，不掺入杂质就得到本征硅锭（纯单晶硅），掺入硼杂质可得到 p 型单晶硅锭，掺入磷、砷等杂质可得到 n 型单晶硅锭。

硅片制备要经过多道工序，将圆柱形的硅锭切割成硅片，其步骤包括机械加工、抛光、质量检查等。硅片制备流程如图 1.1 所示。

图 1.1 硅片制备过程

硅片根据晶向不同分为(111)型和(100)型。在半导体界通过在硅锭上做定位边来标明硅片的类型，主定位边标明晶体结构的晶向，次定位边标明晶向和导电类型。6in 以下的硅片用定位边标志，如图 1.2 所示。8in 以上的硅片用定位槽和硅片背面边缘区域的激光刻印标志，如图 1.3 所示。

硅片尺寸是按照硅片直径划分的，主要有 2in、3in、4in、6in、8in、12in等，如图 1.4 所示。

硅片的主要技术指标有物理尺寸（直径、厚度）、晶向、电阻率、平整度、缺陷密度等。

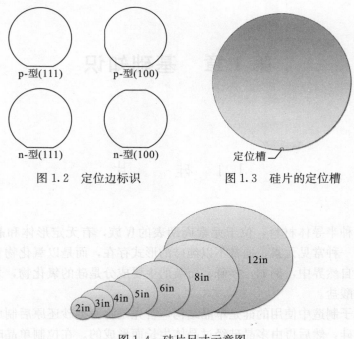

图 1.2 定位边标识   图 1.3 硅片的定位槽

图 1.4 硅片尺寸示意图

1.2 清 洗

在微电子器件制造过程中，每道工序都会有一定的杂质沾污，清洗工艺是非常重要的。硅片表面沾污的颗粒、金属杂质、有机物杂质、自然氧化层等污染物对器件的性能、稳定性、可靠性和电路的成品率有极大的影响。

硅片沾污以颗粒、薄层等形式存在，包括分子化合物、离子物质和原子物质。分子化合物污染主要包括树脂、油脂、光刻胶、有机试剂残留和金属氧化物等，通常以物理吸附的方式黏附在硅片表面。离子型沾污包括阴离子物质和阳离子物质，多数是无机化合物，以化学键的方式吸附在硅片表面，如 K、Na、Al、Mg、Fe、Cr、Ti、Cl、S 等，这类杂质来源广泛，可能来自于空气、去离子水、化学试剂和生产设备、用具等。原子物质主要是 Au、Ag、Cu、Fe 等金属杂质，它们通过化学吸附方式吸附在硅片表面。自然氧化层也是一种沾污，它是硅片暴露于空气或者含氧去离子水中，在室温条件下自然氧化的氧化层，厚度随着暴露时间的增长而增厚。

硅片沾污对微电子器件的性能、成品率的影响非常复杂。分子沾污膜层掩蔽硅片表面，影响清洗效果，对沉积膜的粘连也造成了影响。例如，在光刻工艺中，沾污影响光刻胶的附着性和光刻图形，光刻质量也会受到影响。离子沾污在氧化、扩散、退火等高温工艺中由硅片表面扩散进硅片内部或在表面发生扩散，从而造成器件的电性能缺陷和成品率损失。金属沾污在高温工艺中易扩散进硅片内，在禁带中产生缺陷或者形成复合中心，降低表面少子寿命，增加表面复合率，从而造成漏电流增大，影响器件的性能。

硅片沾污来源是多方面的，可能来源于硅片加工过程中的设备、气体管道、各种化学材料、纯水、人员等，是人为不可控制的，因此在每步制造工艺前要进行清洗，去除杂质沾污。

硅片清洗常用的方法有物理清洗和化学清洗。物理清洗主要是指刷洗、去离子水冲洗和超声波清洗，去除硅片表面吸附的杂质和颗粒。化学清洗是以酸性、碱性溶液和硅片表面沾污的杂质（如有机物、离子、金属等）发生氧化或者络合反应，产生溶于去离子水的物质，再用去离子水冲洗去掉杂质。

分子型杂质阻碍化学溶液、去离子水对沾污下面硅片表面的清洗，因此硅片清洗时首先要去掉它们，然后再进行离子型杂质和原子型杂质的清洗。去除分子型杂质使用浓硫酸/过氧化氢 7∶3 的混合液（3♯液）来完成，二者为体积比，在 125℃温度下浸泡 10～20min，使有机物碳化脱附、金属氧化，然后再用大量去离子水冲洗；也可以用氢氧化铵/过氧化氢/去离子水 1∶1∶5 的混合溶液（1♯液）去除分子型杂质，过氧化氢的氧化作用也可以使有机物碳化脱附，还可以和 Au、Ag、Cu、Ni、Gr 等金属离子发生络合反应，产生不溶于水的金属氢氧化物。

离子沾污因为化学吸附性较强，很难去除，一般用盐酸/过氧化氢/去离子水 1∶1∶6 的混合溶液（2♯液），在 75～85℃的温度下浸泡 10～20min，去除硅片表面的金属离子、不溶于水的氢氧化物（$Al(OH)_3$、$Fe(OH)_3$、$Zn(OH)_2$）和没有完全脱附的金属杂质。

硅片的自然氧化层用氢氟酸/去离子水 1∶50 的混合液去除，将硅片浸入氢氟酸溶液中，硅片表面由亲水性变成疏水性，表明硅片表面的二氧化硅完全去除了。扩散工艺中产生的硼硅玻璃、磷硅玻璃也可以用这个方法去除。

常用的化学清洗液有以下几种：

（1）1♯液：氢氧化铵/过氧化氢/去离子水（1∶1∶5）。

使用方法：75～85℃，浸泡 10～20min。

作用：去除硅片表面的颗粒和有机物杂质。

（2）2♯液：盐酸/过氧化氢/去离子水（1∶1∶6）。

使用方法：75～85℃，浸泡 10～20min。

作用：去除硅片表面的金属杂质。

（3）3♯液：硫酸/过氧化氢（7∶3）。

使用方法：125℃，10～20min。

作用：去除硅片表面的有机物和金属杂质。

(4)SiO_4 漂洗液：氢氟酸/去离子水(1∶50)。

使用方法：25℃，浸泡 20～60s。

作用：去除硅片表面的自然氧化。

硅片的清洗顺序：

(1)3#液清洗：去除有机物和金属→超纯水清洗。

(2)1#液清洗：去除颗粒→超纯水清洗。

(3)2#液清洗：去除金属→超纯水清洗。

(4)SiO_2 漂洗液清洗：去除自然氧化层→超纯水清洗。

1.3 氧　　化

生长 SiO_2 的常见方法有高温氧化(热氧化)、化学气相沉积(CVD)、电化学阳极氧化、溅射等。在硅基集成电路的生产中，主要采用高温氧化和化学气相沉积的方法生长 SiO_2 薄膜，其中用得最多的是高温氧化法。氧化即氧分子或水分子在高温下与硅发生化学反应，并在硅片表面生长 SiO_2 的过程。

生长 SiO_2 薄膜需要消耗表面的硅，如图 1.5 所示，每生长 1 个单位长度的 SiO_2 需要消耗 0.46 个单位长度的硅层。不难理解，当一定厚度的 Si 转变为 SiO_2 后，其厚度将增大到原来的 2.17 倍。用于不同作用的氧化层所需的厚度不一样，栅氧的氧化层很薄(几纳米至几十纳米)，场氧的氧化层较厚(几百纳米)。氧化的温度范围为 700～1200℃，氧化层的厚度取决于氧化温度、氧化时间和氧化的方式。

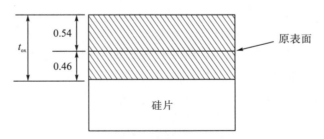

图 1.5　在 Si 表面生长氧化层

氧化的方式分为干氧氧化、湿氧氧化和水汽氧化。实践表明，干氧氧化速率最慢，所得到的 SiO_2 层质量最好，很致密，均匀性和重复性好，且由于 SiO_2 表面与光刻胶接触良好，光刻时不易"浮胶"。而水汽氧化正好相反，其氧化速率最快，使所生长的 SiO_2 层很疏松，所以很少单独采用水汽氧化。湿氧氧化，即在氧气中携带一定量的水汽，能在一定程度上解决氧化速度和氧气质量之间的矛盾，因此适于在生长较厚的氧化层时使用。但最终湿氧氧化生成的 SiO_2 层的质量不如干氧氧化得好，且易引起硅表面内杂质的再分布。所以，当需要生长较厚的氧化层时，往往采用干氧-湿氧-干氧的氧化方式，这既可以节约氧化时间又能保证工艺对氧化层质量的要求。表 1.1 给出了三种热氧化方式所得热氧化层的质量对比。

表 1.1　三种热氧化层质量对比

质量	氧化水温	氧化速率	均匀性重复性	结构	掩蔽性
干氧氧化	—	慢	好	致密	好
湿氧氧化	95℃	快	较好	适中	基本满足
水汽氧化	102℃	最快	差	疏松	较差

下面讨论高温热氧化的机理。

1）干氧热氧化

在高温下，O_4 与 Si 接触时是通过以下化学反应在硅表面形成 SiO_2 的：

Si（固体）+ O_2（气体）——→ SiO_2（固体）

可见一个氧分子就可以生成一个 SiO_2 分子。最开始，硅片表面无 SiO_2 薄膜时，通过上面反应方程式在硅片表面生长 SiO_2 薄层。随着 SiO_2 层的生成，在 O_2 和 Si 表面之间隔着一层 SiO_2，此 SiO_2 层阻挡了氧气和 Si 的直接接触，O_2 必须穿过已生长的 SiO_2 层到达 SiO_2-Si 的界面，才能和 Si 发生反应，如图 1.6 所示。在氧化初期，表面反应是限制生长速率的主要因素，此时氧化层厚度与时间成正比，为线性氧化。当生长的氧化层厚度大于 150Å 时，氧化速率受限于扩散速度，氧化生长的厚度与氧化时间的平方根成正比，氧化厚度随时间的变化为抛物线关系。随着氧化的进行，SiO_2 层将不断增厚，氧化速率也就越来越慢。

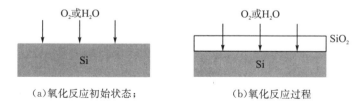

（a）氧化反应初始状态；　　　　　　　　（b）氧化反应过程

图 1.6　Si 的氧化过程示意图

假设初始氧化层厚度为 t_0，热氧化生长的氧化层厚度为 t_{ox}，氧化时间为 t，则硅氧化的一般关系式为

$$t_{ox}^2 + At_{ox} = B(t + \tau)$$

式中，A 和 B 为常数，由氧化的工艺条件决定，如表 1.2 所示。

在线性区，氧化层厚度与氧化时间的关系为

$$t_{ox} \approx \frac{B}{A}(t + \tau)$$

当氧化层厚度较厚时，在抛物线区，氧化层厚度和氧化时间的关系为

$$t_{ox}^2 \approx B(t + \tau)$$

式中，$\dfrac{B}{A}$ 为线性氧化速率常数；B 为抛物线型氧化速率常数；τ 的物理意义为初始氧化层 t_0 引起的时间坐标平移。在计算氧化层生长厚度时，需要通过初始厚度 t_0 确定 τ，再将 τ 与 t 相加获得有效氧化时间，即可认为氧化从 $-\tau$ 时间开始进行。

表 1.2   硅的氧化系数

温度/℃	干 氧			湿 氧		
	$A/\mu m$	$B/\mu m^2/h$	τ/h	$A/\mu m$	$B/\mu m^2/h$	
800	0.370	0.0011	9	—	—	
920	0.235	0.0049	1.4	0.5	0.203	
1000	0.165	0.0117	0.37	0.226	0.278	
1100	0.090	0.027	0.076	0.11	0.510	
1200	0.040	0.045	0.027	0.05	0.720	

2）水汽氧化

水汽氧化的化学反应是

$$Si(固体) + 2H_2O(气体) \longrightarrow SiO_2(固体) + 2H_2(气体)$$

可见需要两个水分子才能使一个硅原子形成一个 SiO_2 分子，而且反应产物中出现氢气。同干氧氧化的过程类似，水汽氧化也是水分子通过扩散穿过生成的 SiO_2 层到达 SiO_2-Si 界面与 Si 发生化学反应，如图 1.6 所示。不同的是水汽氧化产生的氢分子也需要通过 SiO_2 层逸出。由此氢在 SiO_2 中的扩散速度比在 H_2O 中大得多，所以在水汽氧化过程中，H_2 的扩散逸出过程可以忽略。由于水汽氧化过程中 SiO_2 网络不断遭受削弱，致使水分子在 SiO_2 中扩散也较快（在 1200℃ 以下，水分子的扩散速度要比氧离子快 10 倍）。因此，水汽氧化的速度要比干氧氧化快很多。

影响 SiO_2 生长的因素有以下几个：

（1）温度。高温将加快硅和氧的化学反应，并且能够提高氧在氧化层中的扩散速度，因此提高温度能增大氧化速率。

（2）水汽。湿氧或者水汽氧化的氧化速率均高于干氧氧化的速率。

（3）压力效应。氧化层的生长速率依赖于氧化剂从气相运动到硅界面的速度，增大压强可以使氧原子更快地穿越已生长的氧化硅层。

（4）晶向。(111)面的硅原子密度比(100)面原子密度大。在线性阶段，(111)面硅的氧化速率比(100)面的氧化速率要大，但在抛物线阶段抛物线速率系数 B 不依赖于硅衬底的晶向。

(5)掺杂效应。重掺杂的硅比轻掺杂的硅氧化速度快。在线性阶段，硼掺杂和磷掺杂的速率系数相差不大，而在抛物线阶段，硼掺杂比磷掺杂氧化得快。

(6)氯化物的作用。在氧化过程中加入氯可从以下方面显著改善 SiO_2 的特性：钝化可移动离子，减少可动离子电荷；增加氧化层下面硅中少数载流子的寿命；减少 SiO_2 的缺陷，增强氧化硅的抗击穿能力；降低界面态密度和表面固定电荷密度；减少氧化层下面硅中由于氧化导致的堆积层错；氧化速率可提高 $10\%\sim15\%$。

最后需要说明的是，在硅片表面长一层 SiO_2 薄膜后，由于光的干涉作用，通过肉眼可明显看出颜色变化，氧化层表面的颜色随 SiO_2 层厚度变化，如表 1.3 所示。但是氧化层颜色随 SiO_2 层厚度的增加呈周期性变化。对应同一种颜色，可能有几个不同的厚度，还需要结合具体的工艺条件判断出具体的厚度。此方法只适用于氧化膜厚度在 $1\mu m$ 以下的情况。注意，表 1.3 中所列的颜色是照明光源与眼睛均垂直于硅片表面时所观测的颜色。

表 1.3　通过颜色的不同可估算 SiO_2 层厚度

颜色	氧化层厚度/Å				
灰	100				
黄褐	300				
蓝	800				
紫	1000	2750	4650	6500	8500
深蓝	1400	3000	4900	6800	8800
绿	1850	3300	5200	7200	9300
黄	2000	3700	5600	7500	9600
橙	2250	4000	6000	7900	9900
红	2500	4350	6250	8200	10200

1.4　扩　　散

半导体工艺中扩散是杂质原子从材料表面向内部的运动，与气体在空气中扩散的情况相似，半导体杂质的扩散是在 $800\sim1400°C$ 的温度范围内进行的。从本质上来讲，扩散是微观粒子做无规则热运动的统计结果。这种运动总是由粒子浓度较高的地方向着浓度较低的地方进行，从而使粒子的分布逐渐趋于均匀；浓度梯度差越大，扩散越快。最常见的扩散情况有两种，即无限杂质源扩散(恒定表面源扩散)和有限杂质源扩散(有限表面源扩散)，其浓度分布如图 1.7 所示。

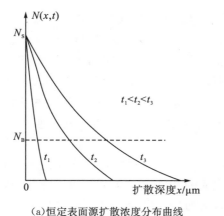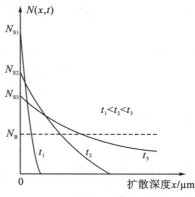

（a）恒定表面源扩散浓度分布曲线　　（b）有限表面源扩散浓度分布曲线

图 1.7　两种扩散类型的浓度分布曲线

　　第一种类型是恒定表面源扩散，也称为预沉积或预扩散，在整个扩散过程中硅片表面的杂质浓度始终不变。假设在 $t=0$ 时，材料表面有一无限杂质源 N_S，材料内杂质浓度的分布是扩散深度的函数，随着时间的推移，该浓度逐步接近扩散前的浓度 N_B 并小于 N_B。随着扩散深度的增大，浓度梯度越来越小。杂质浓度分布函数为

$$N(x,t) = N_S\left(1 - \frac{2}{\sqrt{\pi}}\int_0^{\frac{x}{2\sqrt{Dt}}} \mathrm{e}^{-\lambda^2}\,\mathrm{d}\lambda\right) = N_S\,\mathrm{erfc}\left(\frac{x}{2\sqrt{Dt}}\right)$$

式中，erfc 为余误差函数；$\sqrt{Dt}$ 为扩散长度。图 1.7（a）的纵坐标为扩散浓度，横坐标为扩散深度；三条曲线分布对应于三种不同扩散长度 $\sqrt{Dt}$ 的值，相当于依次增大扩散的时间（在同一扩散温度下，扩散系数 D 为常数）。由图可知，恒定表面源扩散具有以下特点：①表面杂质浓度由该种杂质在扩散温度下的固溶度所决定，当扩散温度不变时，表面杂质浓度维持不变；②扩散时间越长，扩散温度越高，扩散进入硅片内的杂质总量就越多；③扩散时间越长，扩散温度越高，杂质扩散得越深。

　　第二种类型是有限表面源扩散，扩散之前，在硅表面沉积一层杂质，在整个扩散过程中不再有新源补充。假设在材料表面有一有限杂质源，$t=0$ 时其值为 N_S。然而，随着时间的推移，表面杂质浓度逐步减小，将小于衬底掺杂浓度 N_B。由于杂质总量固定，有限源扩散的浓度分布服从高斯分布，浓度分布函数为

$$N(x,t) = \frac{Q_T}{\sqrt{\pi Dt}}\mathrm{e}^{-\frac{x^2}{4Dt}}$$

式中，Q_T 为掺杂总量。其浓度分布如图 1.7（b）所示。由图可知，有限源扩散具有以下特点：①在整个扩散过程中，杂质总量 Q_T 保持不变；②扩散时间越长，扩散温度越高，则杂质扩散得越深，表面浓度越低；③表面杂质浓度可控。显

然，这种扩散有利于制作表面浓度较低而深度较大的 pn 结（如基区扩散形成的集电结）。

在实际的扩散工艺中，为了得到任意的表面浓度和结深，需要既能够控制扩散的杂质总量又能够控制表面浓度，因此采用双步扩散工艺。首先，在较低温度和较短时间内，在衬底表面预沉积一层高浓度杂质原子，可扩散到硅中的最大杂质浓度随杂质元素而异，最大浓度取决于杂质原子在衬底材料中的固溶度，常用杂质固溶度的范围为 $5 \times 10^{20} \sim 2 \times 10^{21}$ 原子/cm^3。这一步为恒定表面浓度的扩散，扩散深度很浅，目的是得到一个固定的掺杂总量。其次，把预沉积阶段掺入样品表面的杂质在高温下进一步扩散（称为主扩散或再分布），其目的是将杂质推入半导体内部，以控制扩散深度和表面浓度，此阶段近似为有限源扩散。

扩散前的衬底杂质浓度和扩散进入衬底的相反类型的杂质浓度相等的地方就是半导体的"结"。这个结位于 p 型和 n 型材料之间，故称为"pn 结"。半导体表面与结之间的距离称为结深。典型的扩散结深为 0.1（预沉积扩散）$\sim 20\mu m$（再扩散）。

1. 扩散结深

扩散结深的表达式如下：

$$x_j = A \sqrt{Dt}$$

式中，A 是一个与 N_S/N_B 有关的常数。决定扩散结深的因素有以下 4 个。

1）衬底杂质浓度 N_B

在相同分布下，N_B 越大则 x_j 越小，如图 1.8 所示。

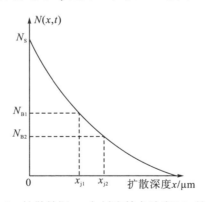

图 1.8　扩散结深 x_j 与衬底掺杂浓度 N_B 的关系

因此，对于高掺杂的衬底，一般扩散结深较浅。也正因为如此，通常就说杂质较难扩散到高掺杂衬底中。

2）表面杂质浓度 N_S

对于 erfc 分布，N_S 越低，则扩散进入体内的杂质总量就越少，从而越浅。

但因为 N_S 与温度关系不大，故通过改变 N_S 来控制 x_j 是不现实的。对于高斯分布，在 Q 不同的情况下，N_S 越大（即 Q 越大），x_j 越大；但在 Q 相同的情况下，N_S 越大（由扩散温度降低或扩散时间减少所致），x_j 反而越小。

总之，N_B 和 N_S 对 x_j 都有影响，而且 N_S 的影响更为复杂些。不过决定 x_j 的主要还是扩散温度（即 D）和扩散时间 t 这两个因素。

3）扩散时间 t

设扩散时间 t 在 1h 以上，所得的结深为 $x_j = 2.5 \sim 3.5 \mu m$；因为 x_j 正比于根号 t，如果 t 差了 10%（即差 6min），则将引起的 x_j 的误差仅为 5%（即 $0.14 \mu m$）。因此，如果要求 x_j 的误差小于 5%，则扩散时间 t 的误差只要小于 6min 即可，这是很容易做到的。

4）扩散温度 T

扩散系数 D 对结深的影响体现在温度 T 上，温度对结深的影响很大，它与结深呈指数关系。所以，精确地控制温度是搞好扩散工艺的关键步骤之一。

2. 扩散方块电阻

如图 1.9 所示结深为 x_j、长宽相等的一个扩散薄层（设平均电阻率为 ρ）电阻，就是该扩散层的方块电阻（或称为薄层电阻），即

$$R_\square = \rho \frac{l}{S} = \rho \frac{l}{x_j \cdot l} = \frac{\rho}{x_j} = \frac{1}{\sigma \cdot x_j}$$

式中，σ 为扩散层的平均电导率。注意 $R_\square$ 的单位是"Ω"，但为了强调是一个方块电阻，常记为"$\Omega/\square$"。

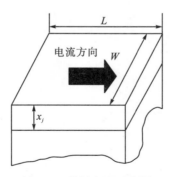

图 1.9 薄层电阻示意图

若衬底中原杂质浓度分布为 $N_B(x)$，而扩散杂质底浓度分布为 $N(x)$，则扩散层中有效杂质浓度分布为 $N_e(x) = N(x) - N_B(x)$，在 x_j 处，$N_e(x) = 0$。又若杂质全部电离，则载流子浓度分布也是 $N_e(x)$。于是扩散层的电导率为

$$\sigma(x) = N_e(x) q \mu$$

式中，q 为电子电荷；μ 为载流子迁移率；而平均电导率可表示为

$$\sigma = \frac{1}{x_j} \int_0^{x_j} \sigma(x) \mathrm{d}x = \frac{1}{x_j} \int_0^{x_j} N_e(x) q\mu \mathrm{d}x$$

如果迁移率 μ 为常数（即 μ 与坐标 x 无关），则

$$R_\square = \frac{1}{q\mu \int_0^{x_j} N_e(x) \mathrm{d}x}$$

式中，积分 $\int_0^{x_j} N_e(x) \mathrm{d}x$ 代表单位面积内从表面扩散到 x_j 处的有效杂质总量；$\frac{1}{x_j} \int_0^{x_j} N_e(x) \mathrm{d}x = \overline{N_e}$ 代表扩散层中的平均掺杂浓度。因此，如果衬底中的原杂质浓度很低，可作近似 $N_e(x) \approx N(x)$，则有

$$\int_0^{x_j} N_e(x) \mathrm{d}x \approx \int_0^{x_j} N(x) \mathrm{d}x = Q$$

因此

$$R_\square \approx \frac{1}{q\mu Q}$$

式中，Q 是单位面积的扩散杂质总量。因此，$R_\square$ 的大小反映了扩散到衬底体内的杂质总量的多少，杂质总量 Q 越大，$R_\square$ 就越小。

1.5 离 子 注 入

离子注入是半导体掺杂工艺中常用的一种手段，特别是制作大规模集成电路时，这是一种必不可少的方法。随着 VLSI 器件的发展，器件尺寸不断减小，结深降到 $1\mu m$ 以下，扩散技术有些力不从心。在这种情况下，离子注入技术能比较好地发挥其优势。目前，结深小于 $1\mu m$ 的平面工艺，基本都采用离子注入技术完成掺杂。近 20 年来，这一技术已逐渐从半导体工业中延伸出来并转移到了其他学科领域，尤其是在固体化学、材料科学、腐蚀科学等领域中展现了广阔的前景。此外，在离子注入理论、离子注入装置、离子注入各种材料后的性能及离子注入技术的应用等方面都取得了引人瞩目的重要进展。

离子注入是将离子源产生的杂质离子经静电场加速后高速打向材料表面，通过测量离子电流可以严格控制剂量，注入工艺所用的剂量范围从很轻掺杂的 $10^{11} \mathrm{cm}^{-2}$ 到源/漏接触、发射极和埋层集电极等低电阻区所用的 $10^{16} \mathrm{cm}^{-2}$，某些特殊的应用要求剂量大于 $10^{18} \mathrm{cm}^{-2}$。当离子进入材料表面后，将与固体中的原子碰撞，并将其挤进内部，一般通过控制静电场可以控制杂质离子的穿透深度，并在其射程前后和侧面激发出一个尾迹。因此，离子注入在一定程度上提供了控制衬底中掺杂分布的可能性。这些撞离原子再与其他原子碰撞，后者再继续下去，

大约在 10^{-11} s 内，材料中将建立一个有数百个间隙原子和空位的区域。一个带有 100keV 能量的离子通常在其能量耗尽并停留之前，可进入到数百到数千原子层。在此过程中，许多晶格原子离开它们的晶格位置。一部分移位的衬底原子有足够的能量与其他衬底原子碰撞并产生额外的移位原子。当材料回复到平衡，大多数原子回到正常的点阵位置，而留下一些"冻结"的空位和间隙原子。这一过程在表面下建立了富集注入元素并具有损伤的表层。离子和损伤的分布大体为高斯分布。

离子注入的深度是离子能量和质量以及基体原子质量的函数。能量越高，注入越深。一般情况下，离子越轻或基体原子越轻，注入越深。典型的离子能量范围为 5～200keV，在某些特殊应用中，形成如倒推阱之类的深结构，可能需要高达几兆电子伏的能量。

被注入的离子一旦到达材料表面，本身就被中和，并成为材料的一部分。注入的离子能够与固体原子，或者彼此之间，甚至与真空室内的残余气体化合生成常规合金或化合物。

由于注入时高能离子束提供反应后的驱动力，故有可能在注入材料中形成通过常规热力学方式不能获得的亚稳态或"非平衡态"化合物，这就可能使一种元素的添加量远超过正常热溶解的数量。

用能量为 100keV 级别的离子束入射到材料中去，离子束与材料中的原子或分子将发生一系列物理和化学的相互作用，入射离子逐渐损失能量，最后停留在材料中，并导致材料表面成分、结构和性能发生变化，从而优化材料表面性能或获得某些新的优异性能。

在现代半导体的制造工艺中，制造一个完整的半导体器件一般要用到许多步（15～25 步）的离子注入。离子注入的最主要工艺参数是杂质种类、注入能量和掺杂剂量。杂质种类一般可以分为 n 型和 p 型两类。注入能量决定了杂质原子注入硅晶体的深度，高能量注入得深，而低能量注入得浅。掺杂剂量是指杂质原子注入的浓度，其决定了掺杂层导电能力的强弱。

离子注入技术具有自身的特点：因为它是一个非平衡过程，注入元素不受扩散系数、固溶度和平衡相图的限制，理论上可将任何元素注入任何基体材料中。注入层与基体之间没有界面，系冶金结合，改性层和基体之间结合强度高、附着性好。高能离子强行射入工件表面，导致大量间隙原子、空位和位错产生，故使表面强化，疲劳寿命提高。此外，离子注入工艺是在高真空和较低的工艺温度下进行的，因此工件不产生氧化脱碳现象，也没有明显的尺寸变化，故适宜工件的最后表面处理。所以说，离子注入是一种纯净的无公害的表面处理技术；无需热激活，无需在高温环境下进行，因而不会改变工件的外形尺寸和表面光洁度。离子注入层是由离子束与基体表面发生一系列物理和化学的相互作用而形成的一个新表面层，它与基体之间不存在剥落问题，且无需再进行机械加工和热处理。

　　正是由于离子注入自身的特点和优点，使其在表面改性及半导体工艺技术中有着广泛的应用。例如，在半导体工艺技术中，离子注入具有高精度的剂量均匀性和重复性，可以获得理想的掺杂浓度和集成度，使电路的集成、速度、成品率和寿命大大提高，成本及功耗降低。这一点不同于化学气相沉积，化学气相沉积要想获得理想的参数（如膜厚和密度），需要调整设备设定参数（如温度和气流速率），是一个复杂的过程。20 世纪 70 年代要处理一个简单的 n 型金属氧化物半导体可能只需 6~8 次注入，而现代嵌入记忆功能的 CMOS 集成电路可能需要 35 次注入。

　　等离子注入技术尽管克服了传统离子注入技术的直射性问题，但离子注入工艺所固有的注入层浅的问题却始终存在，这就限制了它在工业中的广泛应用。因此，要获得较厚的改性层，等离子体基离子注入技术必须与其他镀膜技术（如 PVD、CVD 方法）相结合，即复合的注入与沉积技术。复合镀膜技术是目前国内外的重要发展趋势。另外，由于半导体器件的尺寸不断缩小，极大地增加了对低能量离子注入的需求。由于低能量离子本身就难以萃取，加上低能量离子束行进速度慢，空间电荷自排斥而产生的离子束扩散使得更多的萃取离子损失在路途中，如何形成低泄漏浅结成为一大挑战。此外，以低成本使用 MeV（兆电子伏）注入替代外延，利用低能硼离子束注入技术获得高质量浅 p 型结进行注入的分子动态研究成为另一大挑战。为了实现等离子注入工艺进一步实用化，注入设备需不断改进，以适应不同用途的等离子注入工艺的需求，并且朝着多元化、大电流、高电压、高温、大体积和多功能的方向发展。

1.6　光　　刻

　　光刻工艺是微电子制造中最关键的工艺步骤，在微电子器件制造过程中，用光刻图形来确定各个加工区域，如扩散区域、注入区域、压焊区域等。同时，光刻工艺还是产生关键尺寸的工序，关键尺寸（CD）就是集成电路芯片上的最小特征尺寸，一般指 MOS 器件的沟道长度、多晶硅栅条的线宽、引线孔的大小、最小间距等。现代集成电路技术都以关键尺寸命名，如 $0.18\mu m$ 技术、90nm 技术等。现代超大规模集成电路的制造需要几十次光刻才能完成，光刻的成本很高，已占整个芯片制造总成本的 1/3。

　　通过紫外光照射，将掩膜版上的图形复印在硅片表面光刻胶薄膜上的过程就是光刻，也就是紫外光透过掩膜版使光刻胶中的光敏材料感光，曝光区发生光化学反应，未曝光区不发生变化，从而产生溶解性不同的区域，经过显影液处理后形成图形的过程。

影响光刻工艺的三个主要因素是光刻设备、掩膜版和光刻胶。

根据曝光方式的不同分为接触式光刻机、接近式光刻机、扫描投影光刻机、分步投影式光刻机、步进扫描光刻机。

光学曝光波长分为：g-line(435 nm)，i-line(365 nm)，KrF(248 nm)，ArF(193 nm)，和将来的 EUV(13.5 nm)。

光刻机的分辨率：

(1)接触式光刻机分辨率≥5μm。

(2)接近式光刻机分辨率≥2μm。

(3)扫描投影光刻机分辨率≥1μm。

(4)步进投影式光刻机分辨率为亚微米级~微米级。

(5)步进扫描光刻机分辨率为亚微米级~微米级。

将设计好的版图图形用电子束等技术制备到基板上，就得到了掩膜版。每层版图对应不同的掩膜版。掩膜版在光刻工艺中可重复使用。掩膜版的质量直接影响集成电路的性能和成品率。

掩膜版的基板为玻璃板或石英板，其中石英掩膜版在热膨胀系数、透射率等方面优于玻璃板。由于金属铬膜和玻璃衬底有很好的黏附性，有极高的分辨率和光学密度，同时铬膜在空气中十分稳定，所以掩膜版一般用金属铬版。

光刻胶是一种液态的混合溶液，由树脂、感光剂、溶剂和添加剂组成。其中感光材料在受到紫外光照射时发生光化学反应，在显影液中溶解度发生变化，从而能够形成光刻图形。

光刻胶的作用：①把图形从掩膜版转移到硅片的介质；②在后续刻蚀或离子注入等工艺中作为保护层保护其下面的材料。

光刻胶分为两大类：正性光刻胶和负性光刻胶。两种光刻的区别在于曝光区域与未曝光区域的光刻胶和显影液如何反应。

正胶光刻是紫外光透过掩膜版，与紫外光曝光区域的光刻胶发生光化学反应后溶于显影液，不透光区域的光刻胶不溶于显影液，仍保留在晶圆表面，形成与掩膜版相同的图形，如图 1.10 所示。

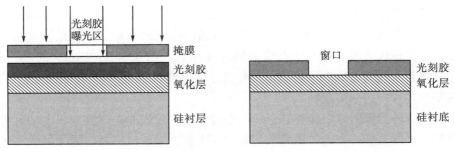

图 1.10　正胶光刻

负胶光刻则是紫外光透过掩膜版，与紫外光曝光区域光刻胶发生交联而硬化，从而不溶于显影液，不透光区域光刻胶溶于显影液，显影后形成与掩膜版相反的图形，如图 1.11 所示。

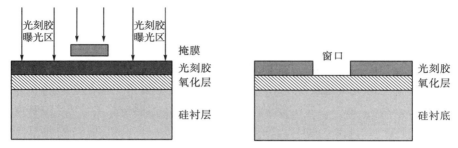

图 1.11　负胶光刻

与负性光刻胶相比，正性光刻胶有很好的分辨率，在集成电路光刻中，通常使用正性胶。

一般光刻工艺分为 8 个基本步骤：表面处理、涂胶、前烘、对准曝光、后烘、显影、坚膜和显影后检查，光刻工艺在黄光区进行，如图 1.12 所示。

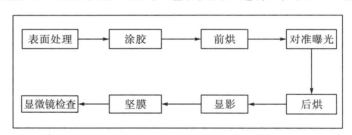

图 1.12　光刻工艺流程图

（1）表面处理。即进行硅片清洗，其目的是使硅片表面清洁干燥，能和光刻胶很好地黏附。可用 3♯清洗液清洗，H_2SO_4（浓）：H_2O_2（30％浓度）体积比 7：3 的溶液加热到 120℃，浸泡 15min 去除杂质，去离子水冲洗，脱水烘干。由于硅片表面潮湿会影响光刻胶和硅片的黏附性，清洗过的硅片要在 200℃ 左右的温度下烘干。环境湿度影响光刻胶的黏附性，光刻工艺最好在湿度低于 50％的环境中进行。

（2）涂胶。涂胶就是用真空吸盘将晶圆吸附在高速旋转的承片台上，利用电机旋转晶圆时的离心力使光刻胶均匀地覆盖在晶圆的表面。旋转涂胶的方法有静态涂胶和动态涂胶。静态涂胶是在硅片静止时滴胶，然后加速旋转涂布光刻胶；动态涂胶是在硅片低速旋转时滴胶，然后再高速旋转涂布光刻胶。低速一般不超过 800r/min，时间不超过 20s；高速一般大于 3000r/min，时间为 30s。光刻胶的厚度和旋转速度有关。影响光刻胶厚度的关键参数分别是光刻胶的黏稠度、旋转时间、旋转速度、涂胶环境温度。

（3）前烘。前烘是通过热板或烘箱加热涂有光刻胶薄膜的硅片，去除胶中大部分的溶剂，使硅片表面的光刻胶薄膜固化，以提高光刻胶的感光性和黏附性。光刻胶中溶剂的含量会影响曝光精度和显影选择比。适当的前烘温度和时间能增加胶膜和硅片的黏附力，使显影后的胶膜留膜率增加，线宽精度提高。一般前烘温度为 90~100℃，前烘时间是热板 60s，烘箱 15min。

（4）对准曝光。对准曝光是微电子制造中非常关键的工艺，它直接影响光刻的精度、对比度、剖面轮廓、套准精度等多个方面。

曝光是通过曝光系统使光刻胶中的光敏成分充分感光。现在常用的光源主要有 436nm（g 线）、405nm（h 线）、365nm（i 线）、248nm（DUV，KrF）、193（DUV，ArF）、157nm（VUV）。248~436nm 为高压汞灯发出的特征光谱，248nm 以下为准分子激光. 紫外光谱图如图 1.13 所示。

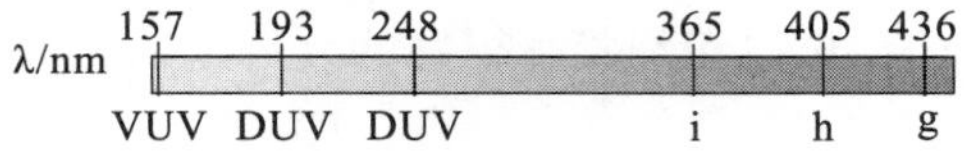

$$\lambda/\text{nm} \quad \begin{array}{cccccccc} 157 & 193 & 248 & & 365 & 405 & 436 \\ \text{VUV} & \text{DUV} & \text{DUV} & & i & h & g \end{array}$$

图 1.13　紫外光谱图

曝光系统有接触式、接近式、步进式、扫描式等多种。实验室中最常用的是接触式曝光系统。这种曝光方式是掩膜版直接与光刻胶层接触，曝光形成的图形尺寸与掩膜版上的图形相同。接触式曝光系统操作简单，但是光刻胶污染掩膜版，掩膜版容易磨损并且容易累积缺陷。生产线上常用的是步进式曝光系统，这种曝光方式是掩膜版不与硅片接触，掩膜版上的图形通过透镜投影到硅片上，掩膜版的图形尺寸是曝光形成的硅片上实际图形尺寸的 1~10 倍，因此掩膜版的制作更加容易，分辨率更高，掩膜版上的缺陷影响减小。步进式和接触式曝光原理如图 1.14 所示。

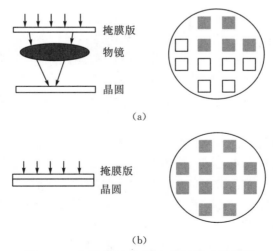

（a）

（b）

图 1.14　步进式（a）和接触式（b）曝光示意图

曝光的目的是用合适的时间使光刻胶充分曝光，显影后得到陡直的光刻胶侧壁和可控的线宽，同时尽可能提高留膜率。这个合适的时间就是曝光量。

对准是把硅片上的图形和掩膜版上的图形对准的过程。集成电路的制造要进行多次光刻，要求对准必须准确和有重复性，否则影响产品质量。对准精度一般取决于光刻设备。经常出现的两种对准偏差如图 1.15 所示。

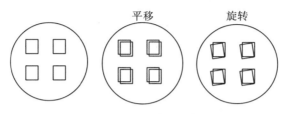

图 1.15 对准偏差示意图

(5)后烘。入射光和反射光发生干涉并引起光刻胶在厚度方向上的不均匀曝光，这种现象称为驻波效应。驻波效应降低了光刻胶成像的分辨率。曝光后烘焙，能够使硅片上的胶膜耐蚀性增强，提高显影后图形质量，减少驻波效应。

(6)显影。显影是选择性地去除可溶解区域光刻胶，以获得所需要图形的过程。在显影过程中正胶的曝光区和负胶的非曝光区在显影液中溶解。显影有浸渍法、连续喷淋法和静态法。正胶显影液一般用碱性溶液，如 TMAH(四甲基氢氧化氨，浓度为 2.38%)。实验室采用浸渍法，把被曝过光的硅片浸入显影液中，光刻胶可溶解部分和碱性物质发生反应形成图形。在这个过程中，显影液中的碱性物质是要被消耗的，要及时补充新的显影液。显影后的硅片要用去离子水漂洗干净。显影过程是一个化学反应，因此受温度的影响很大，要维持精确的线宽，控制环境温度非常重要，一般室温控制在 23℃。

(7)坚膜。坚膜就是对显影后的硅片再进行烘焙。坚膜的目的是挥发光刻胶中的残余溶剂，增加光刻胶对硅片表面的附着能力。烘干的光刻胶作为所选定区域的掩蔽薄膜，在腐蚀、刻蚀和离子注入时作为保护层。温度过高，光刻胶会产生流动，影响图形的形貌，也可能会发生去胶困难，因此必须选择适当的坚膜温度。一般正性光刻胶的坚膜温度为 100~130℃。

(8)显影后检查。在光刻过程完成后，必须对硅片上的图形进行检查，以确保准确有效地实行了图形转移。一般通过光学显微镜、扫描电子显微镜检查光刻胶层图形质量是否满足要求。主要检查掩膜版是否有误、光刻胶膜质量(是否有气泡、划痕、污染等)、图形的形貌和线宽、准精度是否满足要求。检查合格的硅片可以进行下一步工艺；有缺陷的硅片需要去胶返工。

1.7　刻　　蚀

在集成电路及各种微纳米电子及光电子器件的制造过程中，就是将硅材料和各种硅化物材料、高频电子器件用的砷化镓材料、各种光电子器件用的Ⅲ～Ⅴ族元素半导体材料等制作成微纳米器件，其中包括前期微纳米加工的工艺，如光刻技术，涉及光学曝光以及电子束、离子束、压印技术，从而将微纳米图形转移到光刻胶上，要将材料制作成微纳米结构，必须进一步将微纳图形转移到功能材料表面，而实施这一步骤的工艺即刻蚀技术。光刻胶图形因此成为抗刻蚀的掩膜。刻蚀是用物理或化学的方法将未受光刻胶图形（也可以是其他材料作为掩膜图形）保护的那一部分材料从表面清除，从而在薄膜上得到与抗蚀剂膜上完全相同图形的工艺。整个半导体集成电路制造过程可以归结为光刻和刻蚀的不断重复。

刻蚀技术主要分为干法刻蚀与湿法刻蚀。干法刻蚀主要利用反应气体与等离子体进行刻蚀；湿法刻蚀主要利用化学试剂与被刻蚀材料发生化学反应进行刻蚀。不管采用哪种刻蚀方法，对刻蚀图形转移技术最基本的要求就是能将光刻胶掩膜图形忠实地转移到衬底材料表层，并具有一定的深度和剖面形状。刻蚀的质量取决于刻蚀的几个品质因素：刻蚀的各向异性度、刻蚀速率、掩膜和材料的刻蚀速率比值。

根据所描述的刻蚀的几个品质因素，理想的刻蚀工艺具有以下特点：

（1）各向异性刻蚀。刻蚀的各向异性度是指在衬底的不同方向刻蚀速率的比值，如果在各个方向的刻蚀速率相同，则刻蚀是各向同性的，如图1.16(a)所示。如果刻蚀在某一个方向最大而在其他方向最小，则刻蚀是各向异性的，如图1.16(b)所示。介于两者之间的为部分各向异性刻蚀。理想的刻蚀是只有垂直刻蚀，没有横向刻蚀，即完全各向异性刻蚀，如图1.16(c)所示，这样才能保证精确地在被刻蚀的薄膜上复制出与抗蚀剂膜上完全一致的几何图形。

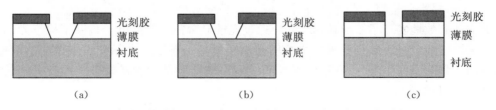

图1.16　各向同性刻蚀(a)、各向异性刻蚀(b)和完全各向异性刻蚀(c)

（2）良好的刻蚀选择性。在选择掩膜的时候，要考虑掩膜在相应工艺条件下的耐刻蚀性；也就是说作为掩膜的抗蚀剂和处于其下的另一层薄膜或材料的刻蚀速率都比被刻蚀薄膜的刻蚀速率小得多，以保证刻蚀过程中抗蚀剂掩蔽的有效性，避免发生因为过刻蚀而损坏薄膜下面其他材料的情况；被刻蚀材料的刻蚀速率相对来说较大，太低的刻蚀速率没有使用价值。

（3）刻蚀具有均匀性，且容易控制，成本低，对环境污染少，适用于工业生产。

湿法刻蚀和干法刻蚀技术各有特点，以下分别简述几种常用的湿法刻蚀和干法刻蚀技术。

湿法刻蚀，是传统的刻蚀方法，泛指所有应用化学腐蚀液体的腐蚀方法。它是最早应用于半导体工业的图形转移技术，最显著的特点是各向同性腐蚀。当然也存在例外的情况，如采用 KOH 腐蚀液刻蚀硅，硅的不同晶面取向对刻蚀液的耐抗蚀性不一样，从而形成各向异性的腐蚀。在大多数情况下，都是各向同性的腐蚀。随着集成电路的发展，器件尺寸不断减小，最早的湿法刻蚀已经逐渐地被各向异性的干法刻蚀所代替，因为湿法刻蚀的各向同性腐蚀导致图形的分辨率较低，但是对于尺寸较大的微机械与微流体器件，湿法腐蚀完全能满足要求，且湿法刻蚀的成本比干法刻蚀低得多。硅和二氧化硅是微机电系统中常用的材料。硅的常用腐蚀化学试剂为 KOH 溶液或 HNO_3、HF 和水的混合试剂，使没有被抗蚀剂掩蔽的那一部分硅表面与试剂发生化学反应而被除去。前者刻蚀硅具有各向异性的特点，主要是 KOH 对不同晶面方向的刻蚀速率有很大的差异，以常见的（100）、（110）、（111）晶面为例，刻蚀速率比值为 $V_{(110)} : V_{(100)} : V_{(111)} = 400 : 200 : 1$。而后者 HNO_3 和 HF 的混合试剂，刻蚀硅的特点为各向同性，因此，我们可以根据要求在具体的实验中选择相应的刻蚀剂。二氧化硅普遍用来作绝缘层和钝化层，是半导体工业中除了硅以外应用最广泛的材料，在近年来的微系统技术中，二氧化硅还被大量地用作牺牲层材料，而各向同性腐蚀是去除牺牲层的关键技术。二氧化硅腐蚀液以氢氟酸为主，未稀释的氢氟酸的腐蚀速率可达 $1.8\mu m/min$，这种腐蚀液的腐蚀速率太快，一般难以控制，因此常用加了缓释剂的氢氟酸来腐蚀，即缓冲腐蚀液，它由氟铵酸（40%）和氢氟酸（49%）混合而成，一般以 7：1 或 6：1 的比例构成，缓冲的比例越高，刻蚀速率就越低。在集成电路中，铝作为一种重要的金属互连线，常用磷酸刻蚀铝薄膜等。这种在液态环境中进行刻蚀的工艺，其优点是操作简单、对设备要求低、易于实现大批量生产，并且刻蚀的选择性也好。但是，化学反应的各向异性较差，横向钻蚀使所得的刻蚀剖面呈圆弧形，这使精确控制图形变得困难。湿法刻蚀的另一个问题是，抗蚀剂在溶液中，特别是在较高温度的溶液中易被破坏而使掩蔽失效，因而对于那些只能在这种条件下刻蚀的薄膜，必须采用更复杂的掩蔽方案。

对于采用微米级和亚微米量级线宽的超大规模集成电路，刻蚀方法必须具有较高的各向异性，才能保证图形的精度，但湿法刻蚀不能满足这一要求。因此干法刻蚀尤显重要。

干法刻蚀，即所有不涉及化学腐蚀液体的刻蚀技术或材料加工技术。具体的是指利用等离子体放电产生的物理和化学作用对材料表面进行加工，常包括反应离子刻蚀、反应离子深刻蚀、等离子刻蚀和离子溅射刻蚀。

反应离子刻蚀：可以简单地归结为通过离子轰击辅助化学反应的过程。辉光放电在零点几帕到几十帕的低真空下进行。待刻蚀的样品处于阴极电位，放电时的电位大部分降落在阴极附近。大量带电粒子受垂直于样品表面的电场加速，垂直入射到样片表面上，以较大的动量进行物理刻蚀，同时它们还与薄膜表面发生强烈的化学反应，产生化学刻蚀。选择合适的气体组分，不仅可以获得理想的刻蚀选择性和速度，还可以使活性基团的寿命缩短，这就有效地抑制了因这些基团在薄膜表面附近的扩散所造成的侧向反应，极大地提高了刻蚀的各向异性。因此，离子与化学活性气体的参与是反应离子刻蚀的必要条件之一，常用的化学活性气体以卤素类气体为主。另一个必要条件是刻蚀反应生成物必须为挥发性产物，能够被真空系统抽走，离开反应刻蚀表面。反应离子刻蚀是超大规模集成电路工艺中很有发展前景的一种刻蚀方法。反应离子刻蚀是一个复杂的物理与化学过程，有多种可以调控的参数，如气体流量、腔室气压、功率、放电室墙壁与电极材料、衬底温度、衬底偏置电压、被刻蚀图形的密度与分布等。每一个参数都会在某种程度上影响最后的刻蚀结果，因此需要在实际的刻蚀过程中根据所需要的工艺来调整参数。

随着大规模集成电路技术和微机械技术的发展，越来越多的器件要求高深宽比的微细结构，即在横向尺寸不变的条件下，要求刻蚀深度越来越深，继而出现了两种新的反应离子刻蚀技术，即电感耦合等离子体（ICP）和 Bosch 工艺。它们是应深槽刻蚀要求产生的，ICP 既可以产生很高的等离子体密度，又可以维持较低的离子轰击能量，能够满足高刻蚀速率和高抗蚀比原来相互矛盾的两个要求。目前最好的 ICP 源可以实现 $20\mu m/min$ 以上的刻蚀速率，对硅和光刻胶掩膜的选择比可达 100∶1，对硅和二氧化硅掩膜的选择比可达 200∶1 以上。由于在反应离子刻蚀中，除了离子物理溅射外，化学反应诱导的刻蚀从本质上来说是各向同性的，为了阻止或减弱侧向刻蚀，只有设法在刻蚀的侧壁沉积一层抗刻蚀薄膜，这就是 Bosch 工艺，整个反应的刻蚀过程就是不断地在边壁上沉积抗刻蚀层或钝化层。在硅的刻蚀过程中，常以 SF_6 为刻蚀气体，钝化气体为 C_4F_8。C_4F_8 在等离子体中能够形成氟化碳类高分子聚合物，它沉积在硅表面能阻止氟离子和硅发生反应。刻蚀与钝化每 $5\sim15s$ 为一个周期转换一次。在短暂的各向同性刻蚀之后即将刚刚刻蚀过的硅表面钝化。在深度方向上由于有离子的物理轰击，钝化膜被剥离，化学反应离子刻蚀可以进一步发生，但侧壁方向不会受到离子轰击，钝化膜可以保留下来，这样下一个周期的刻蚀就不会发生侧向刻蚀。通过这种周期性的刻蚀-钝化-刻蚀，刻蚀只沿着深度方向进行。

等离子刻蚀：与反应离子刻蚀不同，等离子刻蚀是纯粹的化学刻蚀，离子轰击溅射效应可以忽略不计，刻蚀过程利用气压为 $10\sim1000Pa$ 的特定气体（或混合气体)的辉光放电，产生能与薄膜发生离子化学反应的分子或分子基团，生成的反应产物是挥发性的。它在低气压的真空室中被抽走，从而实现刻蚀。通过选择和控制放电气体的成分，可以得到较好的刻蚀选择性和较高的刻蚀速率，但刻蚀精度不高，一般仅用于大约 $4\sim5\mu m$ 线条的工艺中。等离子体刻蚀在大规模集成电路制造中主要是作为表面干法清洗工艺，进行大面积非图形类刻蚀，例如，清除光刻胶层，以氧气为主要反应气体。等离子体刻蚀的各向同性性质使之被广泛用于清除牺牲层。不管是在高速电子器件中的空气桥结构，还是 MEMS 器件中的可动结构，都需要牺牲层来形成悬空的微结构，传统的湿法腐蚀去除牺牲层的方法存在一个致命的缺点，即液体的表面张力会使悬空的微结构黏附在衬底的表面，从而导致整个器件失效，而用等离子体干法刻蚀可以避免这一个问题。

离子溅射刻蚀：与等离子体刻蚀正好相反，离子溅射刻蚀是纯粹的物理刻蚀。氩气是最常用的离子源气体。由于氩气本身是惰性气体，氩离子与样品表面在刻蚀过程中不发生任何化学反应。但氩离子与样品表面的物理作用因离子能量的不同而不同。当离子的能量小于 10eV 时，与样品表面的相互作用表现为物理吸附或几个原子层内的表面损伤；当离子的能量大于 10eV 时，则与样品表面的相互作用表现为离子进入样品深层或变成离子注入；当离子的能量位于 $10\sim5000eV$ 的范围内时才有溅射发生。离子溅射刻蚀一般来说有两种方式：一种是等离子体溅射，另一种是离子束溅射。等离子体溅射速率一般较低，因为等离子体只是在阴极区被加速轰击样品表面，所以溅射效率低，这种方法现在一般只用来作为薄膜沉积的工具，而常用离子束溅射来作为刻蚀手段。与等离子体不同的是，离子束溅射刻蚀系统将等离子体产生区与样品刻蚀区分开，在热阴极发射的电子通过阳极加速获得足够的能量，与气体分子碰撞产生电离，形成等离子体。等离子体区的离子由加速电极引出后轰击到样品表面。刻蚀速率一般可以达到 $10\sim300nm/min$，远高于等离子体溅射刻蚀速率。但是由于离子束溅射对材料没有选择性，掩膜刻蚀速率也快，所以刻蚀深度受限。另外，由于离子溅射是物理溅射，会形成不能挥发的产物，溅射产物会沉积到溅射系统的各个部位，包括样品的其他位置，往往将样品在刻蚀中倾斜和旋转就能有效地清除边壁的沉积物。

反应气体刻蚀：与前面介绍的反应离子刻蚀和离子溅射刻蚀不同，反应气体刻蚀不需要任何等离子体。例如，利用二氟化氙(XeF_2)在气态下可以直接与硅反应生成挥发性产物四氟化硅的特性，可以对硅表面进行各向同性刻蚀：

$$2XeF_2+Si \Longrightarrow 2Xe+SiF_4$$

所以，这种气相刻蚀不需要等离子体，只需要一个真空容器和排气系统。二氟化氙刻蚀硅有着独特的优点，由于刻蚀气体只对硅起化学腐蚀作用，所以有非常高的抗刻蚀比，刻蚀速率与硅的晶向或掺杂水平无关，刻蚀完全是各向同性，使之成为清除牺牲层、制作悬挂式微结构的有效方法。

1.8　化学气相沉积

化学气相沉积(chemical vapor deposition，CVD)是将气体通入反应器中，利用加热、等离子体、光辐射等手段使气态物质发生化学反应，生成固态物质并在衬底表面沉积成薄膜的工艺过程。

CVD 是微电子工艺中薄膜制备常用的方法，类型多种多样，主要包括常压化学沉积(APCVD)、低压化学沉积(LPCVD)、等离子增强化学气相沉积(PECVD)、高密度等离子体(HDPCVD)和金属有机物化学沉积(MOCVD)等。通常根据反应室形状、反应室内压力、工艺温度、化学反应的激活方式进行分类。目前在微电子工艺中主要采用 APCVD、LPCVD 和 PECVD 三种方法。CVD 沉积薄膜的过程如图 1.17 所示。

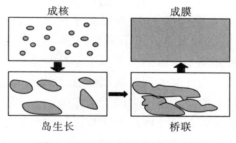

图 1.17　CVD 沉积薄膜的过程

1.8.1　APCVD

APCVD 是最早期的化学沉积工艺，在常压下进行薄膜沉积，其设备结构非常简单，沉积速率较快，一般超过 1000A/min。APCVD 主要用于沉积 SiO_2 和掺杂的氧化硅(如 PSG、BPSG、FSG 等)，这些薄膜通常用于层间介质(ILD)和槽介质的填充。

图 1.18 为连续工艺的 APCVD 系统示意图。硅片从片盒被连续传送到反应器中，平放在一个平面上，硅片温度可在 240~450℃ 范围内调节，反应气体从硅片上方喷嘴喷出，等量到达每片硅片的表面，从而发生化学反应沉积成薄膜。

1)SiH_4/O_2 沉积 SiO_2

当反应气体是氧气和硅烷时，氧气氧化硅烷沉积 SiO_2。硅片被传送进反应器中，温度为 240~450℃。氧气和硅烷流量比应该是 3∶1 以上，由于纯硅烷在空气中极易自燃，一般用氩气或者氮气作为稀释气体，稀释到体积百分比为 2%~

10%，其化学反应式如下：

$$SiH_4 + 2O_2 = SiO_2 + 2H_2O$$

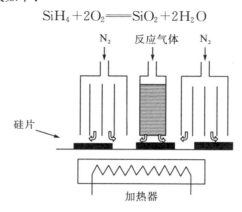

图 1.18　APCVD 系统示意图

这种方法用于沉积铝连线之间的层间介质，但是台阶覆盖能力和间隙填充能力较差。

2）TEOS（正硅酸乙酯）/臭氧沉积 SiO_2

TEOS 是液态，通常使用氮气作为载体传送气体混合物到反应室中。在反应室内遇到强氧化性的 O_3，发生化学反应，化学反应方程式如下：

$$Si(C_2H_5O_4) + O_3 \longrightarrow SiO_2 + H_2O + CO_2$$

这个反应通常在 400℃低温，760Torr（$1Torr = 1mmHg = 1.33322 \times 10^2 Pa$）压力下进行，沉积速率为 100nm/min。这种方法对高深宽比的槽有良好的覆盖能力。

3）掺杂 SiO_2

常压下化学沉积 SiO_2 时在反应气体中掺入 PH_3，就能形成磷硅玻璃（PSG），化学反应方程式如下：

$$SiH_4 + O_2 \longrightarrow SiO_2 + 2H_2 \quad 4PH_3 + 5O_2 \longrightarrow 2P_2O_5 + 6H_2$$

磷在磷硅玻璃中以 P_2O_5 形式存在，磷硅玻璃是由 SiO_2 和 P_2O_5 组成的，一般含量不超过 4%。磷硅玻璃相比未掺杂的 SiO_2，薄膜应力有所减小，台阶覆盖能力得到改善，其最大的优点是降低了玻璃的软化点温度，更易于平坦化，但是磷硅玻璃有很强的吸潮性，一般氧化层中磷含量控制在 6%～8%。

在 APCVD SiO_2 时掺入 PH_3、B_2H_6，则能形成硼磷硅玻璃（BPSG），反应方程式如下：

$$SiH_4 + PH_3 + B_2H_6 + O_2 \longrightarrow SiO_2 + P + B + H_2$$

硼磷硅玻璃是由 SiO_2、P_2O_5 和 B_2O_3 组成的。BPSG 弥补了 PSG 的不足，通常 BPSG 作为第一层间介质。

1.8.2　LPCVD

LPCVD 是继 APCVD 之后发展的化学沉积工艺，它以加热的方式沉积薄膜，

反应室温度一般为 $300\sim900℃$，压力为 $0.1\sim5$Torr。LPCVD 设备类似于氧化扩散炉，有立式和卧式之分。卧式 LPCVD 系统如图 1.19 所示。

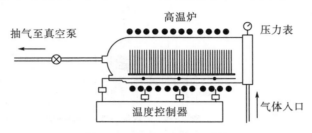

图 1.19　卧式 LPCVD 系统

LPCVD 设备较 APCVD 设备而言增加了真空系统，使用电阻加热，与氧化扩散炉一样，硅片垂直放入反应器中，可以放入几百片硅片，LPCVD 的压力低于 APCVD，使用的气体流量减少，能够减少原料消耗，因此卧式 LPCVD 更适合批量生产，在微电子制造工艺中逐渐取代了 APCVD 在制备介质薄膜中的应用。LPCVD 主要用于沉积氧化硅、氮化硅、多晶硅和氧化氮化硅。

1）SiO_2 沉积

SiH_4 氧化沉积 SiO_2，在低温（400℃）下，LPCVD 的沉积方法类似于 APCVD：

$$SiH_4+2O_2 \Longrightarrow SiO_2+2H_2O$$

LPCVD 制备 SiO_2 的另一个方法是热分解 TEOS。TEOS 是液态，通常使用氮气或者氦气作为载体传送气体混合物到反应室中。液态 TEOS 在反应室内，在低温 $650\sim750℃$ 条件下，分解产生 SiO_2，沉积成薄膜。化学反应方程式如下：

$$Si(C_2H_5O_4) \longrightarrow SiO_2+H2O+CO_2$$

LPCVD 热分解 TEOS 制备 SiO_2 的沉积速率为 $10\sim15$nm/min，低于 APCVD 的沉积速率。这种方法沉积的薄膜有比较好的台阶覆盖能力和间隙填充能力，缺点为沉积速率慢。

2）Si_3N_4 沉积

用 LPCVD 的方法沉积 Si_3N_4 是在低压 $0.1\sim5.0$Torr 的条件下，温度控制在 $700\sim800℃$，往反应室内通入二氯二氢硅（SiH_2Cl_2）和氨气（NH_3），气体混合发生化学反应沉积薄膜。化学方程式如下：

$$SiH_2Cl_2+NH_3 \longrightarrow Si_3N_4+HCl+H_2$$

Si_3N_4 通常用来作保护硅片的钝化层，抑制杂质和潮气的扩散。LPCVD 沉积的 Si_3N_4 具有好的台阶覆盖能力和高度均匀性，可以作为硬掩膜用于浅槽隔离，但是由于介电常数比较高，不能用作 ILD 绝缘介质。

影响 Si_3N_4 薄膜质量的主要因素有总反应压力、反应物浓度、沉积温度和温度梯度。

3）多晶硅沉积

多晶硅薄膜的制备是在低压 0.1～5.0Torr、温度 575～650℃的条件下，向反应室内通入硅烷(SiH₄)和氮气(N₂)，硅烷发生热分解反应沉积薄膜。在多晶硅工艺中，硅烷必须用氮气稀释，减小硅烷的分压，避免因为沉积速率太快而造成的颗粒污染。化学反应如下：

$$SiH_4 \longrightarrow Si + 2H_2$$

采用 LPCVD 的方法制备的多晶硅薄膜具有较好的台阶覆盖能力和均匀性。

1.8.3　PECVD

许多器件在制备的过程中，需要在较低温度的衬底上沉积薄膜，常见的如在金属铝上沉积 SiO₂ 薄膜或 Si₃N₄ 保护层。要在较低的衬底温度下制备薄膜，常用的热分解化学气相沉积法已不能达到工艺要求，因此应寻求另外一种非热能反应源，以适应沉积薄膜的要求。常用于 CVD 反应的非热能源主要是 RF 等离子体，与之相应的等离子体化学气相沉积法应运而生，该系统是借助微波或射频等使含有薄膜组成原子的气体电离，在局部形成等离子体，而等离子体化学活性很强，很容易发生反应，从而在基片上沉积出所期望的薄膜。由于 PECVD 技术是通过反应气体放电产生等离子体，从而利用等离子体的活性来促进反应制备薄膜，有效地利用了非平衡等离子体的反应特征，从根本上改变了反应体系的能量供给方式，因此化学反应能在较低的温度下进行。

PECVD 作为一种 CVD 沉积薄膜的方法，首要问题是产生等离子体，一般来说，获得等离子体的方法和途径是多种多样的，常见的人为产生等离子体的方法有：

(1)通过光、X 射线、γ 射线的照射提供气体电离所需要的能量，其放电的起始电荷是电离生成的离子，因而形成的电荷密度通常极低。

(2)辉光放电产生法。通过从直流到微波的所有频率带的电源激励产生各种不同的电离状态。

(3)冲击波法。气体急剧压缩时形成的高温气体，发生热电离形成等离子体。

(4)激光照射法。大功率的激光照射能够使物质蒸发电离。

在上述等离子体的产生方法中，通过电源激励的辉光放电所产生的低温等离子体在 PECVD 制备薄膜材料时得到了非常广泛的应用。因此，这里对辉光放电法产生低温等离子体技术进行简要介绍。

辉光放电装置的形式多种多样，按照划分标准的不同而异。根据辉光放电激励源频率的不同，辉光放电可分为直流辉光放电和交流辉光放电两种形式，其中交流辉光放电还可以按照激励源频率的高低划分为低频辉光放电、射频辉光放电、甚高频辉光放电以及微波辉光放电等。按照能量耦合方式的不同，辉光放电装置还可分为外耦合电感式、外耦合电容式、内耦合平行板电容式和外加磁场式等。其中，在材料制备技术中应用较为普遍的是平板电容式辉光放电装置，如图1.20所示。

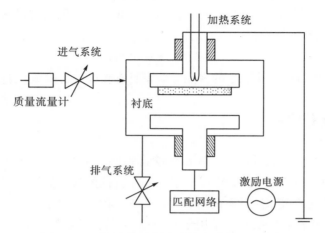

图 1.20   平板电容式辉光放电实验装置示意图

实验时向腔室中通入少量的反应气体，当在系统的上下电极间加上合适的激励电压时，由阴极发射出的电子在电场被加速获得能量，通过与反应室中的气体原子或分子碰撞，使其分解、激发或电离，形成放电电流，反应过程中，一方面产生辉光，另一方面在反应室中形成很多电子、离子、活性基团、亚稳的原子和分子等。

基于辉光放电方法的 PECVD 技术，能够使反应气体在外界电磁场的激励下实现电离形成等离子体。在辉光放电的等离子体中，电子经外电场加速后，其动能通常可达 10eV 及以上，从而破坏反应气体分子的化学键，因此，通过高能电子和反应气体分子的非弹性碰撞，就会使气体分子电离或者分解，产生中性原子和分子。正离子受到离子层加速电场的加速，与上电极碰撞，放置衬底的下电极附近也存在一个较小的离子层电场，所以衬底也受到某种程度的离子轰击，因此分解产生的中性物通过扩散到达管壁和衬底。这些活性的粒子和基团在漂移和扩散的过程中，会发生离子-分子反应和基团-分子反应。到达衬底并被吸附的化学活性物相互反应从而形成薄膜（PECVD 反应示意图如图 1.21 所示）。

一般来说，采用 PECVD 技术制备薄膜材料常可概括为以下三个基本过程：

（1）在非平衡等离子体中，电子与反应气体发生初级反应，使反应气体分解，形成离子和活性基团的混合物。

（2）各种活性基团向薄膜生长表面和管壁扩散、输运，同时发生各反应物之间的次级反应。

（3）到达生长表面的各种初级反应和次级反应产物被吸附并与表面发生反应，形成连续的薄膜，同时伴随有气相残余分子物的放出。

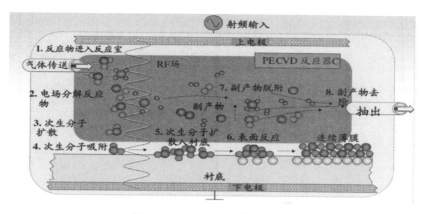

图 1.21 PECVD 中薄膜的形成

　　根据 PECVD 系统结构的不同将其分为三种类型，一种是冷壁平行板反应系统，气体可以从周边喷入，也可以从中间电极喷头喷入，由中心处出口排气，或刚好相反，气体由中心喷入，周围排出(图 1.22(a))。这种系统存在着产能低及均匀性不好的问题，因此基本不用于 IC 生产。为适应大直径原片硅 IC 制造的需要，现行优选的另一种系统为热壁平行板系统(图 1.22(b))，基片被垂直地放置在极性交变的导电石墨电极上，产量相对较高，衬底的温度可以控制，同其他所有类似的热系统一样，它也存在着均匀性及颗粒的问题。因此，为了在较低的衬底温度下沉积高质量的薄膜，近年来引入了高密度等离子体(HCP)，这些反应系统的样式多种多样，其中包括电子回旋共振(ECR)，如图 1.22(c)所示，用来分解一个或多个反应气体成原子，由于原子态的反应物具有高的反应率，因此不用高的衬底温度便可以得到致密的薄膜。在每种系统中，都可以在 13.56MHz 的频率下沉积薄膜，但在实验中选择的 RF 频率低于 1MHz。

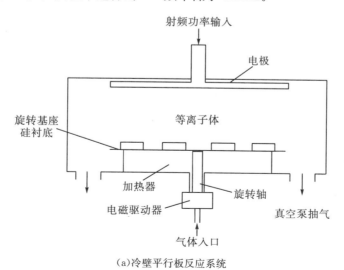

(a)冷壁平行板反应系统

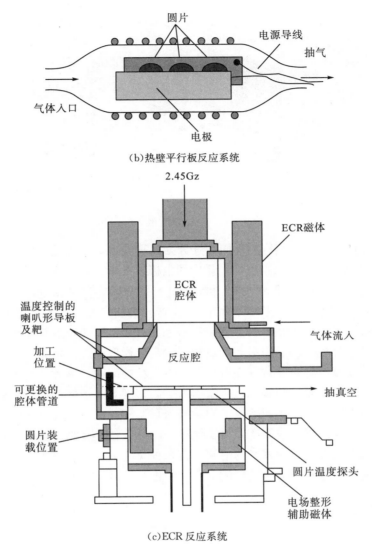

（b）热壁平行板反应系统

（c）ECR反应系统

图1.22　PECVD系统结构

　　PECVD有其自身的优点：在较低的沉积温度200～400℃下达到较高的沉积速率；可以控制沉积薄膜的应力（高低频脉冲调制）；等离子体的离子轰击可以去除表面杂质，增强薄膜的黏附性，因而被广泛用于沉积介质薄膜中，形成IC中金属互连层之间的绝缘层就是一个主要应用。目前，在集成电路工艺中，只要是需要在较低的温度下沉积介质薄膜或多晶薄膜，通常都采用PECVD工艺。沉积的介质薄膜常有Si_3N_4和SiO_2，实验室常用SiH_4和NH_3作为反应气源制备Si_3N_4薄膜，用SiH_4和N_2O作为反应气源制备SiO_2薄膜。在制备薄膜的过程中，一般可以通过控制工艺参数获得高质量薄膜，常可以通过调节气体比例、RF功率及衬底温度的参数来优化工艺。

1.9　物理气相沉积

1.9.1　蒸发

蒸发是在高真空腔中把坩锅中的固体成膜材料加热使之变成气态分子或原子沉积到硅片上的物理过程。大部分成膜材料都是由固态受热熔化、蒸发形成气态的。有少数成膜材料能够直接由固态升华到气态，如 Mg、Zn 等。

当温度升高时，样品物质经历固态-液态-气态的物理变化。物质的周围在任何温度下都存在该物质蒸气，平衡时的蒸气压强称为平衡蒸气压，也称为饱和蒸气压。饱和蒸气压与温度成函数关系，温度越高饱和蒸气压越大，蒸发速率越快。

简单蒸发装置如图 1.23 所示。

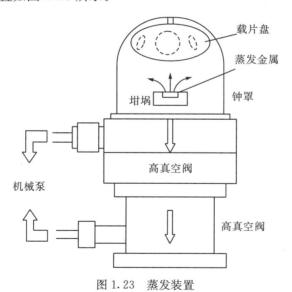

图 1.23　蒸发装置

在蒸发镀膜真空室内，蒸发源材料被放入坩锅，基片被放到载片盘上。当坩锅内的材料被加热时，就产生蒸气，气态分子遇到冷基片沉积成薄膜。为了避免蒸发物质分子在由蒸发源到达基片表面的过程中与环境内的气体发生碰撞，一般真空腔的真空度要求在 $10^{-2} \sim 10^{-4}\,\mathrm{Pa}$。高真空腔内蒸发源气体分子或原子以直线运动的方式抵达基片表面，沉积成为薄膜。

蒸发设备的核心是加热器。加热器有电阻加热、电感加热、电子束加热、高频感应加热等。

电阻加热是将高熔点金属(如钨、钼等)加工成螺旋、舟、坩埚等形状,装载蒸发源材料,利用电加热方式蒸发。螺旋式电阻可以挂丝状源材料,如金丝、铝丝等,坩埚可以转载粉状材料。电阻加热系统结构简单,操作方便,但难熔金属、蒸发困难,加热电阻材料容易带来薄膜污染,且高温易熔断。

电感加热是将氮化硼(BN)坩埚周围用金属线围绕,给线圈加射频功率,从坩埚内的源材料中感应出涡流电流,使其加热蒸发。线圈本身用水冷,保持温度低于100℃,电感加热器可以使坩埚温度提高,能蒸发难熔金属,但是坩埚材料会带来污染。

电子束加热是在高真空中电子枪发出的电子经系统加速聚焦形成电子束,再经磁场偏转打到坩锅的成膜材料上加热,使之变成气态分子或原子沉积到硅片上的物理过程。由于高能电子束直接聚焦在蒸发材料表面,产生很高的能量密度,难熔金属、不分解化合物、合金等材料也容易熔化蒸发。同时被蒸发材料放在冷坩埚中,避免了坩埚材料的蒸发,能得到更纯净的沉积薄膜,电子束蒸发可蒸发的材料种类很多,应用广泛。电子束蒸发系统由高压电源系统、真空系统、电子加速聚焦偏转系统、工艺腔、水冷坩锅系统(通常为带旋转的四坩锅)、载片架组成,简单装置如图1.24所示。

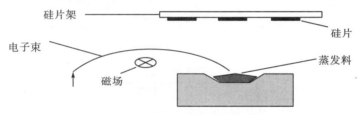

图1.24　电子束蒸发示意图

电子束蒸发的三个基本步骤:

(1)在高真空腔中,电子枪发射的电子经加速获得足够的动能并聚焦形成电子束。

(2)电子束经磁场偏转,向成膜材料轰击、加热并使之蒸发。

(3)成膜材料蒸发出的原子或分子在高真空环境下的平均自由程增加,并以直线运动形式撞到硅片表面凝结形成薄膜。

在早期半导体工艺中,金属层都是通过蒸发工艺沉积的,但是蒸发镀膜存在严重的缺点,首先是台阶覆盖不均匀,其次是很难控制良好的合金。而现代硅工艺需要的金属薄膜要有良好的均匀性、附着性和台阶覆善能力,因此溅射工艺逐渐取代了蒸发。而在Ⅲ、Ⅴ族半导体工艺中,则是利用蒸发薄膜台阶覆盖能力差的特点,采用金属剥离工艺制作金属连线和电极,因此在Ⅲ、Ⅴ族半导体技术方面蒸发还有广泛的应用。

1.9.2 磁控溅射

磁控溅射是通过在靶阴极表面引入磁场，利用磁场对带电粒子的约束来提高等离子体密度，在低气压下进行高速溅射的方法。它是微电子制造中不用蒸发而进行金属膜沉积的主要替代方法。磁控溅射镀膜技术由于其显著的特点已经得到了广泛的应用。

磁控溅射原理如图 1.25 所示，电子在电场 E 的作用下，在飞向基片的过程中与氩原子发生碰撞，使其电离产生 Ar^+ 和新的电子；新电子飞向基片，Ar^+ 在电场作用下加速飞向阴极靶，并以高能量轰击靶表面，使靶材发生溅射。在溅射粒子中，中性的靶原子或分子沉积在基片上形成薄膜，而产生的二次电子会受到电场和磁场的作用，产生 E（电场）$\times B$（磁场）所指的方向漂移，简称 $E \times B$ 漂移，其运动轨迹近似于一条摆线。若为环形磁场，则电子就以近似摆线形式在靶表面做圆周运动，它们的运动路径不仅很长，而且被束缚在靠近靶表面的等离子体区域内，并且在该区域中电离出大量的 Ar^+ 来轰击靶材，从而实现了高沉积速率。随着碰撞次数的增加，二次电子的能量消耗殆尽，逐渐远离靶表面，并在电场 E 的作用下最终沉积在基片上。

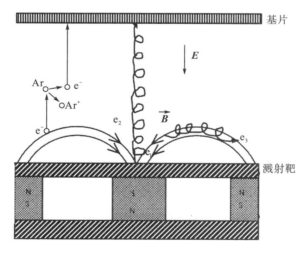

图 1.25　磁控溅射原理图

磁控溅射靶大致可分为柱状靶和平面靶两大类。柱状靶原理结构简单，但其形状限制了它的用途。在工业生产中应用很多的是矩形平面靶，目前已有长度达 4m 的矩形靶用于镀制窗玻璃的隔热膜，让基片连续不断地由矩形靶下方通过，不但能镀制大面积的窗玻璃，还适于在成卷的聚酯带上镀制各种膜层。还有一种是溅射枪(S-枪)，它的结构较复杂，一般要配合行星式夹具使用，应用较少。

磁控溅射技术具有许多特点：

(1)应用的广泛性。应用直流磁控溅射技术，可以溅射一切具有一定耐热能力的金属和半导体材料。如果使用射频电源，还可以溅射介质、化合物、有机物，甚至是绝缘材料，这主要是由溅射机理所决定的。

(2)操作易控性。在镀膜过程中，只要保持工作压强、电功率等溅射条件相对稳定，就能获得比较稳定的沉积速率，一旦沉积速率稳定，在不使用复杂的具有膜厚测试与控制的仪器的条件下，通过精确地控制时间，即可容易地沉积任意厚度的膜层，而控制气压、功率和时间。

(3)沉积高速性。这一点是相对于原来的二级溅射而言，在沉积大部分的金属薄膜，尤其是沉积高熔点的金属和氧化物薄膜时，溅射可与蒸发相媲美。

(4)基板低温性。磁控溅射不仅对基板加热少，且由于电子的能量很低，传递给基片的能量很小，致使基片温升较低，可在常温基板上沉积高质量的薄膜。因此磁控溅射成膜率高，基片温度低，膜的黏附性好，可实现大面积镀膜，因而被广泛应用。

近年来不断涌现新的磁控溅射技术，新技术大致表现在以下几个方面：

(1)多靶磁控溅射技术。为了制备成分、性能满足要求的合金膜、多层膜，一般采用多靶磁控溅射技术。传统的合金靶、复合靶由于不同元素的选择溅射现象、膜层的反溅射率以及附着力的不同等，难以达到预期的目的。多靶磁控溅射由于各个靶之间相互独立，可单独控制，在制备多层膜、混合膜方面性能优越。

(2)磁场扫描法。传统的磁控溅射技术采用固定的磁场，进行磁控放电时，在靶表面形成一个等离子体环，这样就形成了对靶材的局部溅射，使局部温度过高，引起靶材变形和破裂，对靶材的利用率低。采用磁场扫描法，可以形成对靶材的均匀溅射，提高靶材的利用率，同时膜层的均匀性也可得到改善。

(3)非平衡磁控溅射。非平衡磁控溅射技术是近年发展起来的，目的是获得密度较高而能量又较低的离子流，这样有利于提高膜层质量和减小膜层的内应力，离子轰击法生成薄膜的内应力较大。

因此，随着磁控溅射的不断改进和新技术的不断出现，磁控溅射技术不仅在一般材料的表面改性、开发新材料和表面分析等领域中有着广泛用途，而且在光学薄膜、半导体器件、太阳能电池及各种高技术领域中具有良好的应用前景。

第 2 章　基础工艺实验

2.1　清洗工艺实验

2.1.1　实验目的

(1)了解影响器件性能的主要沾污种类。

(2)掌握几种清洗液的配比和反应原理。

(3)掌握清洗的温度、时间的控制和洁净硅片的检验方法。

2.1.2　实验原理

硅片清洗常用物理清洗和化学清洗两种方法。物理清洗主要是刷洗、去离子水冲洗和超声波清洗，去除硅片表面吸附的杂质和颗粒。化学清洗是以酸性、碱性溶液和硅片表面沾污的杂质(如有机物、离子、金属等)发生氧化、络合等化学反应，产生溶于去离子水的物质，再用去离子水冲洗去掉杂质。

分子型杂质主要是指油脂、树脂、光刻胶、有机试剂残留等有机物质，在硅片表面以颗粒或者膜状的形式存在，它们阻碍了化学溶液、去离子水对硅片表面的清洗，因此硅片清洗时首先要去掉它们，然后再进行离子型杂质和原子型杂质的清洗。

去除分子型杂质用浓硫酸/过氧化氢 7∶3(体积比)的混合液(3♯液)完成。清洗方法是在 125℃温度下，硅片浸泡在 3♯清洗液中 10~20min，使有机物碳化脱附、金属氧化，然后用大量去离子水冲洗。

例如，

$$Cu + H_2SO_4 + H_2O_2 = CuSO_4 + 2H_2O$$

氢氧化铵/过氧化氢/去离子水 1∶1∶5 的混合溶液(1♯液)也可以去除分子型杂质，过氧化氢的氧化作用也可以使有机物碳化脱附，还可以和 Cu、Ag、Zn、Ni、Gr 等金属离子发生络合反应，生成可溶性的络合物。

例如，

$$Cu_2^+ + 4NH_3 \cdot H_2O = [Cu(NH_3)_4]^{2+} + 4H_2O$$

$$Ag^+ + 2NH_3 \cdot H_2O = [Ag(NH_3)_2]^+ + 2H_2O$$

离子沾污因为化学吸附性较强,很难去除,一般使用盐酸/过氧化氢/去离子水1：1：6混合溶液(2♯液),在75~85℃的温度下浸泡10~20min,可去除硅片表面的金属离子、不溶于水的氢氧化物($Al(OH)_3$、$Fe(OH)_3$、$Zn(OH)_2$)和没有完全脱附的金属杂质。

例如,

$$Fe(OH)_3 + 3HCl = FeCl_3 + 3H_2O$$

$$Cu + 2HCl + H_2O_2 = CuCl_2 + 2H_2O$$

硅片的自然氧化层用氢氟酸/去离子水1：50的混合液去除,将硅片浸入氢氟酸溶液中,硅片表面由亲水性变成疏水性,表明硅片表面的二氧化硅完全去除了。扩散工艺中产生的硼硅玻璃、磷硅玻璃也可以用这个方法去除。

例如,

$$SiO_2 + 4HF = SiF_4 + 2H_2O$$

2.1.3　实验内容

(1)配制1♯、2♯、3♯和氢氟酸混合溶液。

(2)按照微电子工艺生产流程清洗硅片。

2.1.4　实验设备与器材

(1)通风橱。

(2)温控热板。

(3)计时器。

(4)石英烧杯、塑料烧杯、金属、塑料镊子、量筒。

(5)待清洗硅片。

(6)硫酸、盐酸、氢氟酸、过氧化氢、氨水等化学试剂。

2.1.5　实验步骤

(1)在通风橱内按浓硫酸/过氧化氢7：3的比例配制3♯清洗液。

(2)将盛有3♯清洗液的石英烧杯放到温控热板上加热到125℃,放入硅片煮10min,倒掉残液,将硅片用去离子水冲洗8~10遍。

(3)按氢氧化铵/过氧化氢/去离子水1：1：5的比例配制1♯清洗液。

(4)将盛有1♯清洗液的石英烧杯放到温控热板上加热到75℃,放入硅片煮

10min，倒掉残液，将硅片用去离子水冲洗 3～5 遍。

(5)按盐酸/过氧化氢/去离子水 1∶1∶6 的比例配制 2♯清洗液。

(6)将盛有 2♯清洗液的石英烧杯放到温控热板上加热到 75℃，放入硅片煮 10min，倒掉残液，将硅片用去离子水冲洗 8～10 遍。

(7)按氢氟酸/去离子水 1∶50 的比例配制二氧化硅清洗液。

(8)将硅片放入盛有二氧化硅清洗液的塑料烧杯中，观察硅片表面，其由亲水性变成疏水性，即二氧化硅溶解，将硅片用去离子水冲洗 8～10 遍。

2.1.6　注意事项

(1)按照安全操作规程配比清洗液，在取用强酸、强碱时要戴防护手套，注意人身安全；石英器皿要轻拿轻放，避免碰撞。

(2)身体接触到强酸时要尽快用流水清洗。

(3)实验人员一律穿防护服上岗，保持工作台面及设备器具整洁，注意工艺卫生。

2.1.7　思考题

(1)硅片沾污有哪几种类型？

(2)1♯、2♯、3♯清洗液的配比是什么？

(3)1♯、2♯、3♯清洗液分别去除什么沾污？

(4)为什么要先用 1♯或者 3♯液去除沾污，先用 2♯液可以吗？

(5)氟氢酸的清洗步骤和作用是什么？配比是什么？

2.2　氧化工艺实验

2.2.1　实验目的

氧化的目的是在 Si 表面生长一层 SiO_2 薄膜。生长的 SiO_2 薄膜可作为杂质扩散的掩蔽层、MOS 器件的栅介质层、器件的钝化层和器件隔离的场氧层等。通过氧化实验，让学生在不同的工艺条件下氧化硅片，从而增强学生的实际动手能力，加深对氧化原理的认识和理解，为将来从事微电子及相关方面的研究打好基础。

2.2.2   实验原理

氧化是氧分子或水分子在高温下与 Si 发生化学反应，并在硅片表面生长氧化硅的过程。

Si 的氧化反应方程式：

$$Si(固体)+O_2(气体)\longrightarrow SiO_2(固体)$$
$$Si(固体)+2H_2O(气体)\longrightarrow SiO_2(固体)+2H_2(气体)$$

Si 的氧化反应过程如图 2.1 所示。刚开始，硅片表面无 SiO_2 薄膜时，通过上面反应方程式在硅片表面生长 SiO_2 薄层。氧化反应必须经过三个步骤：①O_2 或 H_2O 到达已生成的 SiO_2 表面；②O_2 穿过 SiO_2 层；③在 SiO_2/Si 界面，O_2 和 Si 发生反应。在氧化初期，氧化速率较快，氧化层厚度与时间成正比，为线性氧化。随着所生长的 SiO_2 越来越厚，氧化厚度随时间的变化为抛物线关系，氧化速率越来越慢。

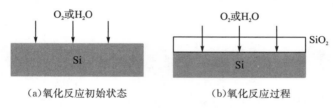

(a)氧化反应初始状态   (b)氧化反应过程

图 2.1   Si 的氧化过程示意图

氧化的温度范围为 $700\sim1200$℃，氧化层的厚度取决于氧化温度、氧化时间和氧化的方式。氧化温度越高，反应速率越快；相同温度下，氧化时间越长，氧化层的厚度越厚。氧化的方式分为干氧氧化、湿氧氧化和水汽氧化。三种常规热氧化的特点如表 2.1 所示。

表 2.1   三种常规热氧化及特点

氧化方法	速度	均匀重复性	氧化性结构
干氧氧化	慢	好	致密
湿氧氧化	快	较好	中
水汽氧化	最快	差	疏松

如果需要的氧化层较厚，通常采用干氧-湿氧-干氧的氧化方式，而对于 MOS 器件的栅氧部分，由于需要的氧化层很薄，同时又要求质量很好，所以通常采用干氧的方式。

最后需要说明的是，在硅片表面长一层 SiO_2 薄膜后，由于光的干涉作用，通过肉眼可明显看出颜色变化，氧化层表面的颜色随 SiO_2 层厚度变化，如表 2.2

所示。但是氧化层颜色随 SiO_2 层厚度的增加呈周期性变化。对应同一种颜色，可能有几个不同的厚度，具体的厚度还需要结合具体的工艺条件进行判断。该方法只适用于氧化膜厚度在 $1\mu m$ 以下的情况。注意，表中所列的颜色是照明光源与眼睛均垂直于硅片表面时所观测到的颜色。

表 2.2 通过颜色的不同可估算 SiO_2 层厚度

颜色	氧化层厚度/Å				
灰	100				
黄褐	300				
蓝	800				
紫	1000	2750	4650	6500	8500
深蓝	1400	3000	4900	6800	8800
绿	1850	3300	5200	7200	9300
黄	2000	3700	5600	7500	9600
橙	2250	4000	6000	7900	9900
红	2500	4350	6250	8200	10200

2.2.3 实验内容

(1)将清洗过的硅片放入氧化炉，在 $1000℃$ 的温度下分别进行干氧氧化和湿氧氧化各 1h，比较氧化后硅片表面的区别，并根据颜色与厚度的对照表估算各自的厚度。

(2)检查所生长的氧化硅表面有无斑点、裂痕、白雾和针孔等缺陷以及颜色是否均匀。

2.2.4 实验设备与器材

(1)氧化炉。
(2)通风橱、恒温热板、石英烧杯。
(3)金相显微镜。
(4)待氧化硅片、实验用耗材。

2.2.5 实验步骤

(1)打开氧化炉，通入氮气升温。

（2）升温过程中清洗硅片。

（3）升温至 850℃后放入硅片，继续升温至 1000℃后通入氧气 1h，降温至 850℃后取出硅片，重复以上步骤，至 1000℃后通入湿氧 1h，降温至 850℃后取出硅片。

（4）比较两种氧化片的差别并估算各自的厚度。

2.2.6　注意事项

（1）按照设备操作规程使用设备，避免因操作失误导致而设备故障或损坏。

（2）清洗硅片时按照安全操作规程配比清洗液，在取用强酸、强碱时要戴防护手套，注意人身安全。

（3）使用高温炉进、取片时，注意不要烫伤，缓慢推进或拉出硅片。

2.2.7　思考题

（1）如果热氧化生长的氧化层厚度为 300nm，那么消耗了多少硅？

（2）简述常规热氧化法制备 SiO_2 介质薄膜的动力学过程。

（3）简述掺氯氧化的优点。

（4）计算在 120min 内，1000℃水汽氧化过程中生长的 SiO_2 层的厚度。假设硅片在初始状态时已有 1000Å 的氧化层。

（5）局部氧化是一种被广泛用来提供 IC 芯片中器件之间横向隔离的工艺。在某些情况下，希望得到的隔离具有比标准 LOCOS 提供的更为平坦的表面，所以在氧化前使用硅刻蚀工艺，如图 2.2(a)所示。对图 2.2 所示的结构，在氧化前刻去 0.5μm 厚的硅，在 1000℃水汽气氛中硅片必须氧化多长时间才可以得到图 2.2(b)所示的等平面氧化硅？

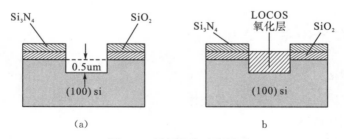

图 2.2　局部氧化示意图

2.3　扩散工艺实验

2.3.1　实验目的

　　杂质扩散的目的主要是改变硅片局部的导电性能或导电类型，形成 pn 结。通过扩散实验，让学生在不同的工艺条件下掺杂 P 或 B，增强学生的实际动手能力，加深对扩散原理的认识和理解，为将来从事微电子及相关方面的研究打好基础。

2.3.2　实验原理

　　扩散是将一定数量和种类的杂质掺入到硅片或其他晶体中，以改变电学性质。掺入的杂质数量和分布情况都要满足要求的工艺过程。扩散是半导体掺杂技术之一。在实际扩散工艺中，扩散需分两步完成。首先，在较低温度和较短时间内，在衬底表面预沉积一层高浓度的杂质原子。这一步为恒定表面浓度的扩散，扩散深度很浅，目的是得到一个固定的掺杂总量，扩散后杂质浓度分布满足余误差分布，如图 2.3(a)所示。第二步是把预沉积阶段掺入样品表面的杂质在高温下进一步扩散(称为主扩散或再分布)，其目的是将杂质推入半导体内部，扩散的温度高，时间长，以控制扩散深度和表面浓度，此阶段近似为有限源扩散。扩散后杂质浓度分布满足高斯分布，如图 2.3(b)所示。

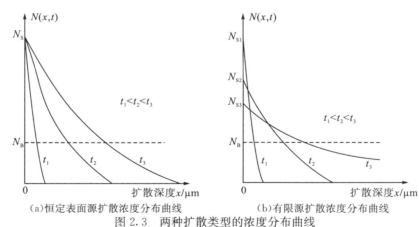

（a）恒定表面源扩散浓度分布曲线　　　　（b）有限源扩散浓度分布曲线

图 2.3　两种扩散类型的浓度分布曲线

1. 常见杂质 B 和 P 的扩散原理

　　在硅基器件平面扩散工艺中，B 作为受主杂质、P 作为施主杂质而被广泛使用。按照杂质源的状态，可以分为液态源扩散、固态源扩散等。

液态源扩散利用氮气作为携带气体通过液态杂质源，然后携带杂质源蒸气进入到 1000℃左右的石英管中实现半导体掺杂。无论是 B 还是 P 的液态源扩散，均是在高温下发生化学反应生成 B_2O_3 蒸气和 P_2O_5 蒸气，B_2O_3 或 P_2O_5 蒸气再和 Si 反应置换出 B 或 P 原子，并沉积于硅片表面，同时生成 SiO_2 覆盖于硅片表面。化学方程式如下：

$$2B_2O_3 + 3Si \Longleftrightarrow 4B + 3SiO_2$$
$$2P_2O_5 + 5Si \Longleftrightarrow 5SiO_2 + 4P$$

所生长的 SiO_2 由于含有杂质 B 或 P，故被称为硼硅玻璃或磷硅玻璃。

固态源扩散具有操作简单、重复性和均匀性好、无毒和对石英管无腐蚀等优点。扩散的核心方程式是以上两个方程。

2.3.3 实验内容

(1)将清洗后的硅片采用固态源扩散的方法分别于 930℃ 和 980℃ 的温度中掺入 B 杂质 20min，测试 $R_\square$ 并解释实验结果。

(2)去除 Si 表面生长的硼硅玻璃后，将其放入石英管并在 1100℃ 温度下再扩散 1h，出炉后，腐蚀生长的 SiO_2，再测试 $R_\square$，并和预沉积后测试的 $R_\square$ 进行比较，并解释实验结果。

2.3.4 实验设备与器材

(1)扩散炉。

(2)通风橱、恒温热板、石英烧杯。

(3)电阻率测试仪。

(4)硼源、待氧化硅片、实验用耗材。

2.3.5 实验步骤

(1)打开扩散炉。

(2)清洗硅片并烘干，然后放置于硼源之间。

(3)扩散炉升温至 850℃ 后，将硅片和硼源推入石英管恒温区，在氮气的保护气氛下继续升温至 930℃，恒温 20min 掺入硼杂质，降温至 850℃ 后取出样品。

(4)重复以上步骤，将扩散温度改为 980℃。

(5)用 1：10 的 HF 溶液腐蚀所生长的硼硅玻璃，测试两种工艺条件扩散片的方块电阻值。

(6)在 1100℃的温度下再扩散 1h，降温至 850℃后，取出样品。

(7)用 1∶1 的 HF 溶液腐蚀再扩散时所生长的 SiO_2，再测试方块电阻值，并和预扩后所测试的方块电阻值进行比较，并解释实验结果。

2.3.6　注意事项

(1)按照设备操作规程使用设备，避免因操作失误而导致设备故障或损坏。

(2)清洗硅片时按照安全操作规程配比清洗液，在取用强酸、强碱时要戴防护手套，注意人身安全。

(3)在用高温炉进、取片时，注意不要烫伤，缓慢推进或拉出硅片。

(4)使用过的硼源要放到干燥箱或者干燥塔中。

2.3.7　思考题

(1)试说明方块电阻与掺杂剂量之间的关系，并由此进一步说明方块电阻的定义。

(2)解释 B 基区再扩散时通入氧气的意义。

(3)B 预扩和再扩后方块电阻阻值的比较，并解释原因。

2.4　离子注入实验

2.4.1　实验目的

(1)熟悉离子注入设备的操作步骤及使用方法。

(2)掌握离子注入的方法及原理。

(3)掌握离子注入设备的工作原理，对硅片进行 B、P 注入的安全操作。

2.4.2　实验原理

离子注入是将某种元素的原子进行电离，并让离子在电场中加速，获得较高的动能后，将其注入固体材料的表层，从而改变这种材料表层的物理或化学性能的一种技术。这种技术主要的应用领域是半导体掺杂，即将具有高能量掺杂元素的离子注入半导体晶片中，目的是改变其导电特性或得到所需要的掺杂浓度和结深，最终形成晶体管等结构。当离子进入衬底材料表面，将与固体中的原子发生碰撞，并将其挤进内部，一般通过控制静电场可以实现控制杂质离子的穿透深度，并在其射程前后和侧面激发出一个尾迹。因此，离子注入在一定程度上提供了控制衬底中掺杂分布的可能性。此外，还兼有其他的特点，例如，离子注入是在真空系统中进行的，且通过高分辨率的质量分析仪，保证了掺杂离子的高纯度；另外掺杂离子浓度不受平衡固溶度的限制，对于那些用常规方法不容易掺杂的元素，离子注入也能实现。在离子注入系统中，束流扫描可以保证在很大的面积上实现注入并具有很高的掺杂均匀性。

离子注入机一般是由离子源、质量分析器、加速聚焦器、扫描系统、工艺腔及真空系统等主要部分组成的。

离子源是产生掺杂离子和形成离子束的区域，通过电离形成电荷离子，正负离子分离后，便形成具有一定能量的离子束。

质量分析器：质量分析是通过分析磁场来实现的，分析磁场是离子注入机中对离子进行筛选的主要部件，通过调节磁场的强度来进行离子的选择，只有比值恰好符合设定的值，所需离子才会通过。

加速聚焦器：掺杂离子经过分析磁场后，通过加速聚焦器可以再次获得另外一段加速或减速。

扫描系统：用于使离子束在 X、Y 方向上的一定面积内进行扫描。

工艺腔：包括扫描系统、装御硅片的终端台、硅片传输系统和计算机控制系统。

真空系统：一般是由干泵、分子泵和冷泵组成的，离子注入设备的内部腔室真空一般小于 5×10^{-7} Torr，是为了使离子束从电离的产生到最后的扫描注入均不受空间中其他粒子的干扰。

一般半导体材料的注入掺杂改性，采用的是弱束流的离子注入，能量一般为 $20 \sim 400 \text{keV}$，如硼离子注入硅的深度小于 $1 \mu m$，束流强度为几十微安至几百微安。离子注入系统工作示意图如图 2.4 所示。

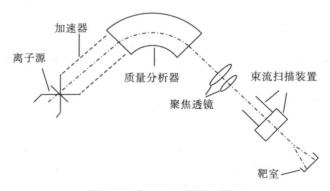

图 2.4　离子注入系统示意图

2.4.3　实验内容

（1）将清洗好的硅片进行硼离子注入，并测试 $R_\square$。
（2）将清洗好的硅片进行磷离子注入，并测试 $R_\square$。

2.4.4　实验设备与器材

（1）离子注入机（以 GSD 200 E2 为例）。
（2）硼离子注入源（BF_3）、磷离子注入源（PH_3）。
（3）待注入硅片，实验用耗材。

2.4.5　实验步骤

（1）打开真空计。
（2）打开机械泵和电磁阀。
（3）打开控制柜后面的所有开关。
（4）确认设备及工艺状态。
（5）选择菜单引束。
（6）注入前应确认水、电、气、排风正常，真空以及离子源已经就位。
（7）注入。
（8）出片检查。
（9）关机：关掉控制柜电源，关闭真空计、分子泵、电磁阀、机械泵、总电源及控制柜后面的所有开关。

2.4.6　注意事项

（1）磷源、硼源均为有毒有害化学品，进行一切与之接触的操作时，都必须戴好安全防护用品，并在通风柜中进行。
（2）离子注入机工作时有少量放射线产生，注片过程中严禁打开门或接近设备后部。
（3）注入机注片前应进行安全检查，确认水、电、气、排风正常。

2.4.7　思考题

（1）离子注入安全操作应注意什么？

(2)注入机注片前应检查哪些项目?

(3)注入菜单中,注入束流的大小是如何确定的?

(4)产品流程单规定的注入工艺参数有哪些?

(5)带胶硅片注入后做何处理?

2.5　光刻实验

2.5.1　实验目的

(1)熟悉光刻工艺的一般步骤。

(2)牢记相关工艺步骤及温度和时间的控制。

(3)掌握光刻质量的控制方法。

(4)了解正、负光刻胶的性质。

2.5.2　实验原理

光刻是将掩膜版上的图形经过曝光系统复印在晶圆表面的光敏薄膜上。紫外光透过掩膜版后使光敏材料感光而发生光化学变化,产生溶解性不同的区域,再经过以碱性物质为主要成分的显影液处理后形成所需图形。

光刻工艺包括正胶光刻和负胶光刻,两种光刻的区别在于曝光区域与未曝光区域的光刻胶和显影液如何反应。正胶光刻是紫外光透过掩膜版,被紫外光曝光区域光刻胶发生光化学反应后溶于显影液,不透光区域的光刻胶不溶于显影液,仍保留在晶圆表面,形成与掩膜版相同的图形;负胶光刻则是紫外光透过掩膜版,被紫外光曝光区域光刻胶发生交联而硬化,不溶于显影液,不透光区域光刻胶溶于显影液,显影后形成与掩膜版相反的图形。

光刻工艺分为8个基本步骤:表面处理、旋转涂胶、软烘、对准曝光、曝光后烘焙、显影、坚膜和显影后检查。

2.5.3　实验内容

(1)对硅片进行表面处理,使用涂胶台完成旋转涂胶。

(2)使用接触式光刻机对已涂胶并软烘过的硅片进行对准曝光、显影和坚膜,制备光刻胶图形。

(3)显微镜检查光刻胶图形的质量。

2.5.4　实验设备与器材

（1）旋转涂胶台。

（2）接触式紫外光刻机。

（3）金相显微镜。

（4）热板或者烘箱。

（5）硅片、光刻胶、显影液、清洗液等。

2.5.5　实验步骤

以 AZ6112 正型光刻胶为例。

（1）表面处理。用 3♯ 清洗液清洗硅片，将 H_2SO_4（浓）：H_2O_2（30％浓度）体积比为 7：3 的溶液加热到 120℃，浸泡 15min 去除杂质，用去离子水冲洗，脱水烘干。由于硅片表面潮湿会影响光刻胶和硅片的黏附性，所以清洗过的硅片要在 200℃ 左右的温度下进行烘干。

（2）旋转涂胶。先以 800r/min 低速旋转 5s，然后加速到 3000r/min 旋转 30s，涂布光刻胶。

（3）软烘。热板烘焙 100℃ 60s。

（4）对准曝光。光强 8mW 接触式光刻机，曝光 3.5s。

（5）曝光后烘焙。用接触式光刻机曝光，线宽较大，驻波效应影响不大，可省略。

（6）显影。2.38％TMAH 正胶显影液 15s。

（7）坚膜。热板烘焙 120℃ 5min；烘箱 120℃ 20～30min。

（8）显影后检查。观察图形的形貌、轮廓，测量线宽。

2.5.6　注意事项

（1）配制清洗溶液时要使用强酸，一定要佩戴防酸碱手套、口罩、穿着防护服，身体接触到强酸时要用流水清洗。

（2）不要将光刻胶带出黄光区。

（3）开启光刻机时要先开启汞灯，等电压、电流稳定后再开启控制电源。

2.5.7　思考题

（1）硅片清洗后为什么要高温烘干？

(2)光刻的八个步骤是什么?

(3)曝光量怎么选择?

(4)显影时为什么要控制温度?

(5)软烘温度对光刻质量有什么影响?

(6)光刻过程中发生浮胶、掉胶现象的原因是什么?

2.6　湿法刻蚀工艺实验

2.6.1　硅刻蚀

在集成电路产业中,硅技术仍然是主流技术,硅集成电路产品仍然是主流产品,因此在半导体制造过程中,硅的重要性和普及性是其他材料所不能及的,所以对于硅的各种刻蚀方法,也成了研究重点。

1. 实验目的

(1)掌握硅的两种常见的湿法刻蚀方法。

(2)熟悉硅的刻蚀的基本操作步骤。

2. 实验原理

硅常用的化学湿法刻蚀一般分为两种:各向同性刻蚀和各向异性刻蚀。

(1)硅的各向同性刻蚀。硅的各向同性刻蚀常使用硝酸与氢氟酸及水的混合溶液进行,其原理是先利用硝酸将材质表层的硅氧化成二氧化硅,然后用氢氟酸把生成的二氧化硅层溶解并除去,其反应方程式如下:

$$Si+2HNO_3+6HF \xrightarrow{\quad\quad} H_2SiF_6+2HNO_2+2H_2O$$
$$Si+4HNO_2+6HF \xrightarrow{\quad\quad} H_2SiF_6+4NO+4H_2O$$

当溶液中各组分的浓度不同时,刻蚀速率也不同,结果表明,当硝酸的浓度较低时,刻蚀速率由氧化剂的浓度决定;当氢氟酸的浓度较低时,刻蚀速率由氢氟酸的浓度控制,这种溶液最大的刻蚀速率可以达到$470\mu m/min$,因此可以通过调节混合物中各组分的配比来调节刻蚀速率。

随着半导体制造技术的发展,人们对于硅刻蚀的深度和宽度以及刻蚀均匀性的要求也越来越精确,所以,人们除了寻找更好的新的刻蚀溶液之外,还常采取加入缓冲剂的方法来抑制组分的解离。其中,比较常用的缓冲剂是醋酸。在硝酸和氢氟酸的混合溶液中加入。

(2)硅的各向异性刻蚀。硅的各向异性刻蚀常使用氢氧化钾(KOH)和氢氧化四甲基铵等碱性刻蚀剂进行，而作为典型代表的被广泛用于硅的湿法刻蚀的氢氧化钾刻蚀剂具有以下优点：选择性好；具有较高的刻蚀速率，刻蚀表面光滑；成本低廉；易于控制，操作简便。

具体的刻蚀反应方程式表示如下：

$$Si + H_2O + 2KOH \Longrightarrow K_2SiO_3 + 2H_2$$

由反应方程式可知，在硅表面会产生难溶残留物 K_2SiO_3，从而导致硅刻蚀表面粗糙。为了获得光滑的硅刻蚀表面，在刻蚀过程中常用恒温磁力搅拌器进行搅拌，使溶液保持流通，防止出现因局部溶液浓度过低而导致反应速率不一样的现象，因反应放出的气体冲击硅表面而使刻蚀残余物容易离开硅表面。

此外，也常用非金属元素碘作为 KOH 腐蚀液刻蚀硅的添加物，如在对(100)和(110)单晶硅片的各向异性腐蚀中，可获得更为丰富的异向腐蚀特性和更为光滑的腐蚀表面。

由于刻蚀反应过程中有氢气产生，随着反应的进行，产生的气体不断增多。如果气体不及时排出，它们就会聚集在单晶硅和刻蚀液的表面，从而阻止了刻蚀液体与硅表面的接触，使反应变慢甚至停止。要解决这一问题，除了搅拌之外还需要经常向 KOH 溶液中加入异丙醇(IPA)，一方面利用 IPA 的挥发性带走反应气体，另一方面 IPA 也参加反应，其反应方程式如下：

$$Si + 2OH^- + 2H_2O \Longrightarrow SiO_2(OH)_2^{-2} + 2H_2$$
$$Si(OH)_6^{-2} + 6(CH_3)_2CHOH \Longrightarrow [Si(OC_3H_7)]^{-2} + 6H_2O$$

由上述反应方程可知，首先 KOH 将硅氧化成含水的硅化合物，然后将其与IPA 反应，形成可溶解的硅络合物，这种络合物不断离开硅的表面，从而使刻蚀反应顺利进行。

单纯的 KOH 腐蚀液在(100)和(111)硅晶面上的腐蚀速率差别最大，高达 400:1。由于(111)面的刻蚀速率最小，所以刻蚀最后终止于(111)面。IPA 的加入会改变单晶硅各个晶面的刻蚀速率，其中对 Si(100) 的刻蚀速率 $V_{(100)}$ 的影响不大，但会使 Si(110) 的刻蚀速率 $V_{(110)}$ 大大下降，所以会使刻蚀图形出现(110)面。

3. 实验设备与器材

(1)恒温磁力搅拌器。

(2)清洗台。

(3)烧杯、镊子、化学试剂。

4. 实验内容

(1)采用 HNO_3、HF 和水等混合体系作为刻蚀溶液对硅进行各向同性湿法刻蚀。

(2)采用 KOH、IPA 和水等混合体系作为刻蚀溶液对硅进行各向异性湿法刻蚀。

5. 实验步骤

    (1)清洗备片。
    (2)按混合液的配比配置刻蚀试剂。
    (3)恒温加热刻蚀试剂，用磁力搅拌器搅拌。
    (4)将硅片浸入刻蚀混合液中，刻蚀至终点。
    (5)取片清洗，氮气吹干，镜检。

6. 注意事项

    (1)配制溶液时要佩戴防酸碱手套、口罩，穿着防护服。
    (2)身体接触到强酸、强碱时要马上用流水清洗。
    (3)氢氟酸对皮肤有强烈刺激性和腐蚀性，要避免吸入氢氟酸酸雾，皮肤接触后立即用大量流水长时间彻底冲洗，尽快稀释和冲去氢氟酸。

7. 思考题

    (1)在用 KOH 刻蚀硅的过程中，往往要加入 IPA，这是为什么？
    (2)在硅的湿法刻蚀过程中，怎样保证刻蚀的均匀性？

2. 6. 2　湿法刻蚀实验

    二氧化硅是半导体工业中应用非常广泛的材料，在集成电路制造过程中，它可以阻止杂质扩散，这就提供了选择扩散的可能，因此有选择地刻蚀掉某些部分的二氧化硅，可以实现选择性的区域扩散。此外，二氧化硅是良好的绝缘体，在集成电路制造过程起着隔阻元件之间的不必要的导通的作用。因此，二氧化硅薄膜的刻蚀是集成电路制造中不可少的工艺。

1. 实验目的

    (1)掌握常用的二氧化硅薄膜的湿法刻蚀方法。
    (2)熟悉二氧化硅薄膜的刻蚀实验操作步骤及刻蚀终点的判断。

2. 实验原理

    一般来说，湿法刻蚀二氧化硅时常用 HF 作化学试剂，由于在室温下 HF 与二氧化硅的反应速率比较快，刻蚀反应可以通过以下化学反应方程式表示：

$$HF \Longleftrightarrow H^+ + F^-$$
$$SiO_2 + 6HF = H_2SiF_6 + 2H_2O$$

在刻蚀反应过程中，HF 电离成氢离子和氟离子，其中 6 个氟离子结合 1 个硅离子生成六氟硅根络离子$(SiF_6)^{2-}$，然后与氢离子结合生成氟硅酸(H_2SiF_6)，同时氢离子与二氧化硅中的氧离子结合生成水，这是典型的酸性氧化物与酸的反应，且反应生成的六氟硅酸在水溶液中是可溶的，所以上式反应平衡向右移动，使得反应不断地进行。因此，根据化学方程式的平衡理论，方程式中 H^+ 和 F^- 的浓度越大，反应的速度就越快。随着反应的进行，溶液中 H^+ 和 F^- 的浓度会不断地减小，结果会导致刻蚀速率不可控制及刻蚀终点难以把握。因此，为了克服这个缺点，常用 BOE 缓冲溶液代替 HF 作为二氧化硅的湿法刻蚀试剂，BOE 是由 HF 和 NH_4F 按 1∶6 的配比混合而成，HF 为主要的刻蚀液，NH_4F 则作为缓冲剂，其缓冲原理是溶液中的 NH_4F 起着固定 H^+ 浓度的作用，从而使其保持一定的刻蚀速率，由于溶液中含有大量的 F^-，所以导致电离平衡向左边移动，即向生成 HF 的方向移动，从而降低了 H^+ 的浓度，而当反应中消耗掉一定量的 H^+ 时，又会被及时地补充，因此缓冲溶液起着固定 H^+ 浓度的作用，从而保证了刻蚀速率可控，其刻蚀反应式表示如下：

$$SiO_2 + 4HF + 2NH_4F = (NH_4)_2SiF_6 + 2H_2O$$

此外，由于刻蚀速率还受到温度的影响，刻蚀溶液的温度越高刻蚀速率越大，所以本实验采用恒温水浴刻蚀溶液，使刻蚀反应能在恒温下进行，从而实现刻蚀的可控性。

一般说来，具有不同致密性结构的二氧化硅，其刻蚀速率也不尽相同。例如，热氧化生长的二氧化硅分为水蒸汽中氧化和干氧氧化两种，而前者的刻蚀速率稍快一些。二氧化硅所含的杂质种类及杂质的含量均会影响刻蚀速率，如高浓度的硼会导致刻蚀速率降低；相反，高浓度的磷会加快刻蚀速率。此外，离子注入产生的缺陷会加快二氧化硅的刻蚀速率。

3. 实验设备与器材

(1)蒸馏水，装载花篮，防酸碱手套。

(2)清洗台、恒温槽。

(3)计时器。

(4)塑料烧杯、镊子、BOE 溶液。

(5)待刻蚀的二氧化硅薄膜硅片。

4. 实验内容

使用 BOE 溶液刻蚀二氧化硅。

5. 实验步骤

(1)准备好带有掩蔽层的待刻蚀的二氧化硅薄膜硅片。

（2）准备好 BOE 溶液并将其置于恒温槽中。

（3）将带有氧化硅薄膜的硅片置于花篮中并放入 BOE 溶液中进行刻蚀。

（4）判断刻蚀终点。

（5）用去离子水冲洗刻蚀后的硅片 6～8 遍。

（6）去除掩蔽层，如光刻胶，一般先用丙酮溶胶清洗，再用无水乙醇清洗，最后用去离子水清洗。

（7）用氮气吹干硅片。

（8）显微镜检查刻蚀后的硅片表面形貌。

6. 注意事项

（1）配制溶液时要佩戴防酸碱手套、口罩，穿着防护服。

（2）身体接触到强酸、强碱时要马上用流水清洗。

（3）BOE 溶液是氟化铵和氢氟酸的混合溶液。氢氟酸对皮肤有强烈刺激性和腐蚀性，要避免吸入氢氟酸酸雾，皮肤接触后立即用大量流水长时间彻底冲洗，尽快稀释和冲去氢氟酸。

7. 思考题

（1）怎样判断二氧化硅薄膜的刻蚀终点？

（2）根据所用的刻蚀条件，计算二氧化硅薄膜的刻蚀速率？

（3）影响二氧化硅刻蚀质量的因素有哪些？

2.6.3　氮化硅的刻蚀

在集成电路制造工艺中，氮化硅薄膜湿法刻蚀在局部氧化和浅结隔离技术中得到了广泛应用。由于与硅基板上的氧化速率相比在氮化硅膜上的氧化速率很慢，所以氮化硅膜可以作为硅基板氧化时的阻挡层，从而起到隔离器件的作用。在器件隔离形成后，需要将表面的氮化硅膜完全刻蚀掉，因此氮化硅膜的刻蚀在整个工艺流程中显得非常重要。在氮化硅的湿法刻蚀中，常用热磷酸或氢氟酸作为刻蚀试剂。

1. 实验目的

（1）掌握热磷酸和氢氟酸湿法刻蚀氮化硅的原理。

（2）熟悉湿法刻蚀氮化硅的基本操作方法。

2. 实验原理

（1）热磷酸湿法刻蚀氮化硅。由于热磷酸对氮化硅刻蚀具有良好的均一性和较高的选择比，常用的热磷酸刻蚀液由配比为 85 : 15 的浓磷酸和去离子水混合而成，刻蚀温度保持在 140～200℃。磷酸刻蚀机理如下：

$$12H_2O + Si_3N_4 + 4H_3PO_4 \Longrightarrow 3Si(OH)_4 + 4NH_4H_2PO_4$$
$$2H_2O + SiO_2 \Longrightarrow Si(OH)_4$$

从反应方程式中可以看出，氮化硅水解生成铵盐和 $Si(OH)_4$，在反应过程中磷酸作为反应物，磷酸根并未损失。可见水是氮化硅刻蚀反应中一个重要的反应物，保持溶液中水的浓度是保证氮化硅刻蚀速率稳定的关键。但是，由于在 160℃ 的高温下，水蒸发很快，磷酸浓度的增大会导致氮化硅刻蚀速率降低，所以在刻蚀过程中需要不断地补充水来保持磷酸的浓度和温度。由于光刻胶在高温下无法作为一种刻蚀掩膜，所以大多数湿法刻蚀采用 SiO_2 薄层作为氮化硅刻蚀的掩膜层。

同时，从反应式中可以看出，反应溶液中会不断地有不溶物 SiO_2 等固态物质的生成，这样会导致氮化硅表面的刻蚀速率下降，更对晶圆表面的颗粒性能造成很大影响。因此如何避免该类固态物质的沉淀成为磷酸刻蚀工艺中一个重要的研究方向。

(2)氢氟酸湿法刻蚀氮化硅。室温下氮化硅在氢氟酸溶液中的刻蚀速率很慢，工艺中常用 49% 的氢氟酸去除氮化硅薄膜，因为此条件下氮化硅薄膜的刻蚀性较好，但由于氢氟酸对氧化硅薄膜有很强的刻蚀性，所以目前工业上氟酸刻蚀主要应用于晶圆背面氮化硅薄膜的刻蚀工艺中。刻蚀机理如下：

$$Si_3N_4 + 18HF \Longrightarrow H_2SiF_6 + 2(NH_4)_2SiF_6$$

3. 实验内容

用热磷酸和氢氟酸刻蚀氮化硅薄膜。

4. 实验设备与仪器

(1)清洗台。
(2)恒温热板。
(3)烧杯、镊子、化学试剂、防护用品。

5. 实验步骤

(1)清洗氮化硅薄膜片。
(2)按比例配置磷酸和去离子水混合试剂。
(3)将混合试剂置于蒸馏回流装置中。
(4)将氮化硅置于热磷酸中刻蚀。
(5)加热至热磷酸蒸馏回流。
(6)到达刻蚀终点后取片清洗，吹干，镜检。

氢氟酸刻蚀氮化硅的步骤同上。

6. 注意事项

(1)配制溶液时要佩戴防酸碱手套、口罩,穿着防护服。

(2)身体接触到强酸、强碱时要马上用流水清洗。

7. 思考题

(1)在用热磷酸刻蚀氮化硅的过程中,如何保持刻蚀速率的一致性?

(2)为什么氢氟酸主要用于刻蚀晶圆背面的氮化硅?

2.6.4　铝刻蚀

在集成电路制造中,金属铝具有一些优异性能,如电阻率低;能与 N^+ 和 P^+ 硅及多晶硅形成欧姆接触;与硅和磷硅玻璃附着性好;此外,铝薄膜易于沉积和刻蚀,常用的 CVD、溅射和电子束方法均能用于沉积铝膜。正是由于具有这些优点,铝成为集成电路制造中最常用的互联材料。

1. 实验目的

(1)掌握金属铝的湿法刻蚀方法。

(2)熟悉金属铝的湿法刻蚀的操作步骤及刻蚀终点的判断。

2. 实验原理

实验室常用磷酸、硝酸、醋酸和水体积配比为 16∶1∶1∶2 的混合刻蚀溶液,在恒定温度为 40℃的条件下刻蚀金属铝,刻蚀速率可达 100~300nm/min. 其中硝酸作为氧化剂用来提高刻蚀速率,将铝氧化成氧化铝,再用磷酸和水溶解氧化铝。这种氧化过程及溶解过程几乎是同时发生的,其刻蚀反应如下:

$$Al + 6HNO_3 =\!\!=\!\!= Al_2O_3 + 6NO_2 + 3H_2O$$

$$Al_2O_3 + 6H_3PO_4 =\!\!=\!\!= 2Al(H_2PO_4)_3 + 3H_2O$$

$$2Al + 6H_3PO_4 =\!\!=\!\!= 2Al(H_2PO_4)_3 + 3H_2$$

由反应方程式可以看出,在反应过程中有大量的气泡产生,这些气泡会牢固地附着在硅片表面,并阻止在气泡附着位置的刻蚀,从而造成刻蚀的不均匀性,醋酸就是用减少这种界面张力来提高刻蚀均匀性的;此外,在刻蚀过程中进行机械搅拌,以此减小界面张力,或周期性地把硅片从溶液中拿出也可以使气泡破裂,从而降低这些不利因素。在实际刻蚀操作过程中,正是因为 H_2 的形成和其他的问题,延迟了刻蚀开始的时间或延长了在硅片的所有部位进行完全地开始的时间,因此在刻蚀实验的实际操作过程中,通常还要加上 10%~15% 的过刻蚀时间，以保证完全的刻蚀。

3. 实验内容

在 40℃的恒温条件下，用磷酸、硝酸、醋酸和水体积配比为 16∶1∶1∶2 的混合液刻蚀金属铝。

4. 实验设备与器材

(1)通风橱、恒温槽。
(2)待刻蚀的基于硅衬底的金属铝薄膜。
(3)计时器。
(4)载片花篮、烧杯若干、镊子、化学试剂。

5. 实验步骤

(1)将待刻蚀的基于硅衬底的金属铝薄膜清洗干净。
(2)按比例配置所需的刻蚀溶液于烧杯中，并将其置于恒温 40℃的加热板上。
(3)将铝膜放入刻蚀溶液中进行刻蚀，直至达到刻蚀终点。
(4)用去离子水清洗刻蚀铝膜片。
(5)用氮气吹干，镜检。

6. 注意事项

(1)配制溶液时要佩戴防酸碱手套、口罩，穿着防护服。
(2)身体接触到强酸、强碱时要马上用流水清洗。

7. 思考题

(1)影响金属铝刻蚀速率及质量的因素有哪些?
(2)减少刻蚀过程中气泡影响刻蚀均匀性的方法有哪些?

2.7　干法刻蚀实验

2.7.1　实验目的

(1)熟悉 RIE 和 DRIE 设备的操作步骤及使用方法。
(2)掌握 Si、SiO_2、Si_3N_4、SiC 及金属铝的反应离子刻蚀方法及原理。

（3）掌握相关的实验原理，执行安全操作步骤。

2.7.2 实验原理

干法刻蚀是指不涉及化学腐蚀液体的刻蚀技术或材料加工技术，它利用等离子体放电产生的物理和化学过程对材料表面进行加工，通常包括反应离子刻蚀、反应离子深刻蚀、等离子刻蚀和离子溅射刻蚀。本节干法刻蚀实验以反应离子刻蚀为例，可以将其归结为通过离子轰来击辅助化学反应过程。辉光放电在零点几帕到几十帕的低真空中进行，待刻蚀的样品处于阴极电位，放电时的电位大部分降落在阴极附近。大量带电粒子受垂直于样品表面的电场加速，垂直入射到样片表面上，以较大的动量进行物理刻蚀，同时它们还与薄膜表面发生强烈的化学反应，进行化学刻蚀。离子与化学活性气体的参与是反应离子刻蚀的必要条件之一，常用的化学活性气体以卤素类气体为主。另一个必要条件是刻蚀反应生成物必须为挥发性产物，能被真空系统抽走，离开反应刻蚀表面。在刻蚀过程中，刻蚀工艺气体常加有少量的惰性气体——氩气，用来进行物理轰击，从而加快反应离子刻蚀速率。此外还加有氦气，用来作稀释气体或冷却气体。常用的反应离子刻蚀化学气体组合与相对应的被刻蚀的材料如表 2.3 所示。

表 2.3 被刻蚀的材料与反应离子刻蚀化学气体

被刻蚀的材料	化学气体种类
Si	SF_6/O_2，CHF_3，$SiCl_4$，BCl_3/Cl_2
SiO_2	CF_4，CHF_3，CHF_3/O_2，CF_2Cl_2
Si_3N_4	CHF_3/CF_4，CF_4/O_2，CHF_3，CHF_3/O_2
SiC	CF_4/O_2，CHF_3/O_2
Al	BCl_3/Cl_2，HBr/Cl_2

1. Si 的反应离子刻蚀原理

Si 的反应离子刻蚀通常采用既能与 Si 反应生成挥发性物质，又不残留其他反应物的活性基气体。实验室常用 SF_6/O_2 工艺气体刻蚀 Si，其中选用的 O_2 是少量的。SF_6 气流进入反应腔室后，在辉光放电的条件下存在以下典型反应：

$$SF_6 + e^- \longrightarrow SF_5^+ + F^* + 2e^-$$

$$Si + 4F^* \longrightarrow SiF_4 \uparrow$$

$$S + O_2 \longrightarrow SO_2$$

此外，腔室中还存在其他的自由基（如 SF_2^*，SF^*，SF_3^*，SF_4^*，F_3^*，F_4^*，F_2^*）和其他副反应。

因此，表面的 Si 发生化学反应并生成挥发物，从而达到被刻蚀的目的。

2. SiO₂ 的反应离子刻蚀原理

以 CHF₃ 作为刻蚀气体刻蚀 SiO₂ 为例，当反应室中通入 CHF₃，在辉光放电的条件下发生的化学反应为

$$Cl_2 \longrightarrow 2Cl^*$$
$$Al + 3Cl^* \longrightarrow AlCl_3$$
$$O_2 \longrightarrow 2O^*$$

生成的游离基 F* 到达 SiO₂ 表面时，发生的反应为

$$SiO_2 + 4F^* \longrightarrow SiF_4 + O_2$$

通过反应生成的 O_2 往往与反应物中的 C 和 H 结合生成 CO 或 CO_2，H_2O，这些挥发性的气体将会被真空泵抽走，从而达到刻蚀 SiO₂ 的目的。

采用其他的氟基气体，均具有相同的刻蚀机理。

3. Si₃N₄ 的反应离子刻蚀原理

通常能产生氟、氯活性基的气体都可以刻蚀氮化硅（Si₃N₄），如 CF₄、CHF₃、SF₆ 等气体，而实验室常用氟碳化合物和少量的 O_2 刻蚀 Si₃N₄，以 CHF₃ 为例，在反应腔室中存在着以下反应活性离子或自由基及自由基团，如 CHF_2^*，CF_3^*，F^*，H^* 和 O^*，其反应离子刻蚀 Si₃N₄ 的主要反应机理如下：

$$H + F \longrightarrow HF$$
$$Si_3N_4 + F^* \longrightarrow SiF_4 + N_2$$

此外，由于 O_2 的加入，会发生如下反应：

$$CF_x + O^* \longrightarrow CO_2/CO + F^*$$

可见，O_2 可消耗掉部分碳原子，使氟活性原子的比例上升，从而使刻蚀速率显著提高。反应生成的 SiF_4、HF、N_2、CO_2、CO 等挥发性气体将会被真空系统抽离，从而达到刻蚀 Si₃N₄ 的目的。

4. SiC 的反应离子刻蚀原理

采用氟基和氯基的气体均能用于刻蚀 SiC 材料，实验室常用氟基的气体和少量的 O_2 来刻蚀，因为使用的设备操作起来相对要简便些。以 CF_4/O_2 作为刻蚀气体为例，在反应腔室中存在着 CF_4/O_2 两种气体在电弧作用下裂解的自由基及自由基团，如 CF_3^*，CF_2^*，F^*，CF^*，O^*，因此 SiC 的反应离子刻蚀机理如下：

$$CF_4 \longrightarrow CF_3^* + F^*$$
$$O_2 \longrightarrow 2O^*$$
$$Si + 4F^* \longrightarrow SiF_4$$
$$C + O^* \longrightarrow CO_2/CO$$

通过化学反应生成挥发性产物 SiF_4 和 CO_2/CO，从而达到刻蚀 SiC 材料的

目的。

5. 金属铝的反应离子刻蚀原理

对于金属铝的刻蚀，一般只能使用氯基刻蚀，因为 Al 的氟化物是高熔点化合物，难以挥发，而 Al 的氯化物是熔点相对较低的化合物。以 Cl_2 作为刻蚀气体为例，在辉光放电的反应腔室中，产生氯自由基 Cl^*，其刻蚀金属铝的反应原理如下：

$$Cl_2 \longrightarrow 2Cl^*$$

$$Al + 3Cl^* \longrightarrow AlCl_3$$

反应生成的残余物 $AlCl_3$，因为其沸点相比于其氟化物要低很多，所以被真空系统抽走，从而完成对金属 Al 的刻蚀。

2.7.3 实验内容

(1)实验室采用氟基或氯基刻蚀气体刻蚀 Si、SiO_2、SiN、SiC 及金属铝，在 TRION 公司生产的反应离子刻蚀机或深槽反应离子刻蚀机上，完成对以上材料的刻蚀。

(2)采用在深槽反应离子刻蚀机 DRIE 上刻蚀使用氟基的刻蚀气体，完成对 Si、SiO_2、SiN、SiC 等材料的刻蚀。

(3)采用在反应离子刻蚀机 RIE 上使用 Cl_2 或 BCl_3 等特气刻蚀金属铝。

2.7.4 实验设备与器材

(1)深槽反应离子刻蚀机(以 TRION 公司产品为例)。
(2)反应离子刻蚀机(以 TRION 公司产品为例)。
(3)待刻蚀硅片、防护用品。

2.7.5 实验步骤

(1)开机。
①开机之前检查气体的压强及水、油泵、排风是否满足使用要求。
②开总电闸和 DRIE 的所有开关。
③开主机，将侧面板上红色的 EMO 键旋出，复位(reset)，按 main 键开主机，按 pμmp 键开冷水机和泵。
(2)面板工艺软件操作。所有刻蚀气体的流量及刻蚀的功率参数均由工艺软件来控制和调节。实验通过调用工艺菜单，可以适当地修改工艺参数以达到要

求。打开相应的刻蚀气瓶待用。

（3）往腔室中放片，通过工艺软件控制。

（4）调用工艺菜单，启动 Gas on 和 RF on 命令开始刻蚀，直至刻蚀终点。

（5）取片，通过工艺软件控制取出。

（6）关机。在确保所有的工艺完成后，将刻蚀样品取出，退到工艺软件的主界面，按 Standby 键，分子泵减速倒计时 30min，完成后，退出软件，关闭计算机，按 EMO 键关闭油泵。关闭所有相关的电阀、气阀。

（7）检查。检查各气路、冷却水及电源开关是否关闭，完成刻蚀的整个过程。

RIE 设备具体的实验步骤如下：

（1）开机。检查气路，压缩空气：0.6MPa，N_2：0.15Pa，干泵上的 N_2 调至绿色范围内，打开各工艺气体。检查水和油，冷却水要开，压力要够，水面要达到要求；油泵油面要达到要求。检风：排风要开，回风要够。开电源：打开总闸和所有的 MNL 开关，打开配电盒电源。开干泵：将干泵上红色 EMO 键旋出，干泵上 N2 表指针位于绿色区域，打开干泵电闸，干泵活动控制面板初始化完成后，检查水量是否为 1.8，点击 start 键开干泵。开主设备：旋出 RIE 设备左侧面板上红色 EMO 键；打开显示器下面的面板；按红色 off 键进行复位；按中间 MAIN 键打开计算机主机；按 PMMP 键开油泵。初始化操作：计算机此时自动运行工艺软件。此时，在原操作界面导入菜单。

（2）开刻蚀气体 Cl_2 或 BCl_3。清洗气路（即 Cl_2 或 BCl_3 的气路，对于这种高危的气体，在使用之前，必须经过这些步骤）：调用工艺菜单，设置 Cl_2 或 BCl_3 的气流量为最大允许值，抽真空至气路流量为 0；此时，打开气柜，往 Cl_2 或 BCl_3 气路中充 N_2，然后关闭阀门；在工艺菜单中再次启动 gas on 命令，直至气流量的读数降为 0，再往气路中充 N_2，如此重复两三次。清洗完毕，缓慢打开 Cl_2 或 BCl_3 气瓶，调整减压阀至 20psi（1psi＝lin^{-2}＝0.155cm^{-2}）。

（3）启动所需刻蚀菜单，进行样品刻蚀，直至刻蚀完毕。

（4）关闭 Cl_2 或 BCl_3 气瓶，清洗气路，充 N_2 保压。关闭 Cl_2 或 BCl_3 气瓶后，设置 Cl_2 或 BCl_3 流量值为最大，另外的气路流量全部设为 0，抽真空至 Cl_2 或 BCl_3 流量计读数为 0，将 Cl_2 或 BCl_3 气路上的 N_2 阀门打开，往气路充 N_2，关闭 N_2 阀门；将 Cl_2 或 BCl_3 气路中抽真空至流量为 0，再往气路中充 N_2，如此重复两三遍，然后往气路中充 N_2 保压气路。其他气路的清洗仿照以上步骤。

（5）关机。检查气路的气瓶是否关闭，退出界面的工艺软件，关闭计算机；按红色 off 键，按 EMO 键关闭油泵，然后旋出 2h 后，关闭干泵（先按 stop 键，等温度降低后，关闭干泵上的电源开关，关闭冷却水）。关闭所有的气体减压阀及相关电源。

（6）全面检查水电气是否关闭。

2.7.6　注意事项

(1)反应离子刻蚀是一个复杂的物理与化学过程,有多种可以调控的参数,如气体流量、腔室气压、功率、放电室墙壁与电极材料、衬底温度、衬底偏置电压、被刻蚀图形的密度与分布等。每一个参数都会在某种程度上影响最后的刻蚀结果,因此在实际刻蚀过程中根据所需要的工艺来调整参数。

(2)在反应离子刻蚀过程中,随着刻蚀时间的增长,会导致刻蚀样品的温度升高,往往不利于掩蔽层(如光刻胶)的去除,为了避免这一现象的发生,一般采用时间间歇的刻蚀方式来解决这一问题,当然带有冷却系统的设备除外。

(3)当刻蚀气体使用的是 Cl_2 或 BCl_3 时,气路在使用前要清洗,严格按操作规范重复两三遍,在使用后要将残留在管道中的 Cl_2 或 BCl_3 抽至 0,再充 N_2 清洗两三遍,最后充 N_2 保压气体管路。

2.7.7　思考题

(1)实验采用 Cl_2 或 BCl_3 时,如果刻蚀前后不清洗气路管道,对实验会造成什么不利的影响?

(2)一般来说,刻蚀不同的材料时会选用与之相应的刻蚀气体,根据是什么?

(3)刻蚀材料的刻蚀速率一般由哪几种因素决定?

2.8　化学气相沉积实验

2.8.1　LPCVD 制备 Si_3N_4、SiO_2 薄膜及非晶硅薄膜

1. 实验目的

(1)掌握 LPCVD 制备 Si_3N_4、SiO_2 薄膜及非晶硅薄膜的实验原理。

(2)熟悉 LPCVD 制备薄膜的基本操作步骤。

2. 实验原理

LPCVD 是在中等真空度为 0.1~5Torr,反应室温度为 300~900℃的条件下,通入工艺气体发生化学反应形成固态物质,并在硅片表面形成薄膜的工艺过程。在微电子制造工艺中经常用 LPCVD 的方法制备 Si_3N_4 薄膜、SiO_2 薄膜及

POLY 薄膜。

　　SiO_2 薄膜的制备是通过热分解 TEOS。TEOS 是液态，通常使用氮气或者氦气作为载体传送气体混合物到反应室中。在低压 $0.1 \sim 5.1$ Torr、$650 \sim 750$℃条件下，加入足够的氧气，液态 TEOS 在反应室内分解产生 SiO_2，沉积成薄膜。化学反应如下：

$$4Si(C_2H_5O_4) + 9O_1 \longrightarrow 4SiO_2 + 10H_2O + 8CO_2$$

　　Si_3N_4 薄膜的制备是在低压为 $0.1 \sim 5.0$ Torr 条件下，将温度控制在 $700 \sim 800$℃，往反应室内通入二氯二氢硅（SiH_2Cl_2）和氨气（NH_3），混合物发生化学反应沉积薄膜。化学反应如下：

$$3SiH_2Cl_2 + 4NH_3 \longrightarrow Si_3N_4 + 6HCl + 6H_2$$

　　POLY 薄膜的制备是在低压 $0.1 \sim 5.0$ Torr、温度为 $575 \sim 650$℃的条件下，往反应室内通入硅烷（SiH_4）和氮气（N_2），发生化学反应沉积薄膜。化学反应如下：

$$Si_3H_4 \longrightarrow Si + 2H_2$$

3. 实验内容

　　采用 LPCVD 方法分别制备 Si_3N_4、SiO_2 及 POLY 薄膜。

4. 实验设备与器材

　　（1）LPCVD 设备。

　　（2）清洗台、恒温热板、清洗液。

　　（3）工艺气体。

　　（4）沉积薄膜用的衬底。

　　（5）烧杯、镊子、防护用品。

5. 实验步骤

　　（1）清洗备片，准备原材料、工具及工装。

　　（2）开 LPCVD 设备。检查电、所有工艺气体、排风是否打开→开电源→开真空泵→开主机→开工艺气体。

　　（3）设定工艺条件（系统压力、气体的流量、沉积温度、沉积时间等）。

　　（4）硅片进炉，开始抽真空。

　　（5）执行工艺菜单开始沉积薄膜。

　　（6）薄膜沉积完成后降温，通氮气，硅片出炉。

　　（7）关机。关闭真空泵、所有的气阀及相关的电源。

　　（8）检查气、水、电是否都关闭。不同的薄膜采用不同的工艺气体，但实验过程及步骤基本都一样，实验参数根据需要来选择。

6. 注意事项

(1)非授权人员不得开、关设备。

(2)特气的开关操作必须由取得资格的操作人员执行。

(3)实验中使用的 SH_4、NH_3 等均为高危性气体，在实验后要用氮气清洗管道，然后充入氮气保压。

7. 思考题

(1)LPCVD 的工作原理是什么，与 APCVD 有什么区别？

(2)用 LPCVD 的方法制备薄膜的优缺点是什么？

(3)在卧式 LPCVD 炉管中进行薄膜沉积时，硅片被竖立装在石英舟中，由炉管前段到后端沉积速率有什么变化？

2.8.2   PECVD 制备 Si_3N_4、SiO_2 薄膜及非晶硅薄膜

目前，在集成电路工艺中，只要是需要在较低的温度下沉积介质薄膜或多晶薄膜，通常都采用 PECVD 工艺。

1. 实验目的

(1)掌握 PECVD 制备 Si_3N_4、SiO_2 薄膜及非晶硅薄膜的实验原理。

(2)熟悉 PECVD 制备薄膜的基本操作步骤。

2. 实验原理

等离子体化学气相沉积是借助微波或射频等方式使反应腔室里含有薄膜组成原子的气体发生电离，在局部形成等离子体，经过多次碰撞产生大量的相应的活性基，而等离子体化学活性很强，这些活性基被吸附在基板上，很容易发生反应，被吸附的原子在自身动能和基板温度的作用下在基板表面迁移，选择能量最低的点稳定下来；同时基板上的原子不断脱离周围原子的束缚，进入等离子体中，以达到动态平衡；当原子沉积速率大于逃逸速度后就可以在基板表面沉积成我们所需要的薄膜。由于 PECVD 技术是通过反应气体放电产生等离子体，从而利用等离子体的活性促进反应来制备薄膜，有效地利用了非平衡等离子体的反应特征，从根本上改变了反应体系的能量供给方式，因此化学反应能在较低的温度下进行。应用于 IC 中的介质薄膜基本上均采用 PECVD 的方法来制备，如 Si_3N_4、SiO_2 及非晶硅薄膜的制备。

实验室制备 Si_3N_4 薄膜时一般采用 SiH_4 和 NH_3 作为反应气源，在反应腔室中气源在辉光放电的条件下离解成相应的 Si、H、N 等离子体，存在如下反应：

$$SiH_4 + NH_3 \longrightarrow Si_3N_4 + H_2$$

实际上生成物并不是完全的 Si_3N_4，其中还有一定比例的氢原子（H），所以严格地说，分子式应为 $Si_xN_yH_z$。

同样，使用 PECVD 法沉积 SiO_2 薄膜时，实验室常用 SiH_4 和 N_2O 作为反应气源，其反应原理如下所示：

$$SiH_4 + N_2O \longrightarrow SiO_2 + H_2 + N_2$$

严格地说，实验中通过反应得到的产物是 SiO_x，而不是完整的 SiO_2。

使用 PECVD 法沉积非晶硅薄膜时，实验室常用 SiH_4 的分解法制备，其反应原理如下所示：

$$SiH_4 \longrightarrow Si + H_2$$

通过以上反应生成相应的薄膜，在制备薄膜的过程中，衬底的温度一般选择为 $200 \sim 400℃$，同时可以通过调节气体的比例和其他一些工艺参数，得到最佳结构的薄膜。

3. 实验内容

根据已有的工艺方案和条件，采用 PECVD 的方法分别制备 Si_3N_4、SiO_2 以及非晶硅薄膜。

4. 实验设备与器材

（1）PECVD 设备。

（2）真空泵。

（3）清洗台、恒温热板、清洗液。

（4）工艺气体。

（5）沉积薄膜用的衬底、烧杯、镊子、防护用品。

5. 实验步骤

（1）清洗备片，准备原材料、工具及工装。

（2）开 PECVD 设备（实验以 TRION 公司产品为例）。

①检查冷却水、压缩空气、氮气及所有的工艺气体、排风是否打开。

②开电源，包括总闸、冷水机闸、主机和泵的电源。

③开干泵：确认干泵的氮气表指针在绿色的区域，检查水流量是否足够，点击 START 按钮打开干泵。

④开主机设备：旋出 EMO 按钮，按复位键，打开计算机电源进入系统。

⑤工艺操作软件界面初始化。

（3）开工艺气体（如 SH_4）。

①抽空 SH_4 管道中的氮气（之前实验完毕后用氮气保压管道）。此过程是在

气路管道的气瓶阀关闭，气路和反应腔室的管道阀门打开的情况下进行的。该步骤在主机操作软件界面上完成，点击 Vacuum open 按钮，开启真空阀门，干泵自动抽腔体，点击开气体，显示 gas on，设置该抽的气体流量为最大值，表明 SH_4 气体已经打开，开始抽 SH_4 管道的氮气，待读数为 0 后，往管道中充氮气，再将氮气抽走，如此重复两次。此时关闭氮气阀，关闭 SH_4 减压阀。

②缓慢开启 SH_4，调节减压阀至 20psi。

(4)开启另外一种工艺气体 NH_3 或 N_2O(根据沉积的薄膜选工艺气体)，开启的方法同 SH_4。

(5)根据所需的工艺条件沉积相应的薄膜。

(6)关闭 SH_4。

①先关闭 SH_4 气瓶，在操作面板软件界面设置气路的 SH_4 值为 80，目的是防止 SH_4 发生反应后生成沉淀物于干泵中，待减压阀降为零，将其关闭，关闭 SH_4 阀，打开氮气阀，往管道充入氮气。

②用氮气冲洗管道，充入氮气后，设置气路流量为最大值，将其抽走，再充入氮气，如此重复几遍。关闭氮气阀、减压阀和中间阀门。

(7)关机。待温度降至 100℃ 以下时，用乙醇清洗腔室，抽到一定的真空，方块退出软件，关闭计算机，按 EMO 键，关闭干泵、冷却水、所有的气阀及相关电源。

(8)检查气、水、电是否都关闭。不同的薄膜采用不同的工艺气体，但实验过程及步骤基本都一样。实验参数根据需要来选择。

6. 注意事项

(1)打开 PECVD 设备前必须是真空度较高时，这样尾气便经过泵抽取进入处理设备。

(2)特气的开关操作必须由取得资格的操作人员执行。

(3)实验中使用的 SH_4、NH_3 或 N_2O 均为高危性气体，在实验后要清洗管道，使用氮气保压，实验前要抽走管道中的氮气，以免对实验造成污染。

(4)非授权人员不得开机和关机。

7. 思考题

(1)在使用 PECVD 设备制备薄膜之前，为什么要抽空硅烷气路？如果不这样执行，对实验会有怎么样的影响？

(2)要使获得的薄膜有较好的均匀性，实验中可以采取哪些有效的措施？

2.9　金属薄膜制备实验

2.9.1　电子束蒸发工艺实验

1. 实验目的

(1)掌握电子束蒸发镀膜的工作原理。
(2)熟悉电子束蒸发台的操作步骤。
(3)掌握靶材的清洗方法。
(4)掌握电子束蒸发镀铝的工艺参数。

2. 实验原理

电子束蒸发是以电子束加热的方式,在高真空中由电子枪发出的电子经系统加速聚焦形成电子束,再经磁场偏转打到坩埚的成膜材料上加热,并使之变成气态原子沉积到硅片上的物理过程。在蒸发镀膜真空室内,电子束直接聚焦在蒸发材料表面,获得很高的能量密度,使难熔金属、不分解化合物、合金等材料熔化蒸发,产生蒸气,在真空腔内气压小于 10^{-2} Pa 的情况下,蒸发源气体分子或原子不会与环境气体发生碰撞,而是以直线运动的方式抵达基片表面,沉积成为薄膜。被蒸发材料放在冷坩埚中,避免了其他部分材料的蒸发,能得到更纯净的沉积薄膜。

3. 实验内容

(1)使用电子束蒸发台沉积 200nm 的铝薄膜。
(2)显微镜观察铝薄膜表面形貌。
(3)使用膜厚仪测试膜厚。

4. 实验设备及器材

(1)电子束蒸发台。
(2)清洗台、恒温热板。
(3)烘箱。
(4)膜厚测试仪。
(5)铝源、硅片、烧杯若干、清洗液。

5. 实验步骤

以铝薄膜制备为例：

(1)清洗铝蒸发源。

①丙酮浸泡或超声 10min。

②乙醇浸泡 5min，去离子水冲洗 5min。

③0♯液(H_2SO_4：H_2O_2＝1：1)浸泡 20s，去离子水冲洗 10min。

④120℃的烘箱烘干 15min。

(2)清洗硅片。

①(H_2SO_4：H_2O_2＝7：3)煮沸 10min，去离子水冲洗 5min。

②SiO_2漂洗液(H_2O：HF＝10：1)浸泡 20s，去离子水冲洗 10min。

③200℃的烘箱烘干 15min。

(3)蒸发镀膜。

①将硅片放入真空腔内的承片台，铝源放入冷水坩埚内。

②抽真空到 10^{-3}Pa，打开硅片加热。

③打开电子束电源，调节束斑至坩埚正中央，预熔 5min 后调大束流，至铝源熔化。

④打开膜厚监控仪，自动镀膜到所设膜厚。

(4)冷却 20min 后关闭蒸发系统，取样。

(5)用显微镜观察铝膜表面形貌。

(6)用膜厚仪测试膜厚。

6. 注意事项

(1)蒸发台工作时，一定要通水冷却。

(2)实验开始抽真空时，需要先按下低真空键，等气压达到 10Pa 时，再开分子泵，而实验结束时，不能直接按放气键，一定要先把分子泵隔离开。

(3)蒸发完毕之后，样品可随炉冷却，当真空室内的温度≤60℃时再暴露于大气中。

7. 思考题

(1)蒸发镀铝应注意哪些事项？

(2)蒸发设备的真空度对铝膜有什么影响？

(3)蒸发速率对金属薄膜有什么影响？

(4)蒸发一般有几种加热方式？各有什么优缺点？

2.9.2 磁控溅射工艺实验

磁控溅射镀膜技术由于其显著的特点已经得到广泛的应用。但是常规磁控溅射靶表面横向磁场紧紧地束缚带电粒子，使得镀膜区域的离子密度很低，一定程度上削弱了等离子体镀膜的优势。通过有意识地增强或削弱其中一个磁极的磁通量，使磁控溅射靶的磁场不平衡，可以极大地增大镀膜区域的等离子体密度，从而改善镀膜质量。

1. 实验目的

(1)熟悉磁控溅射法的原理及其操作步骤。

(2)了解磁控溅射法制备金属铝薄膜的操作步骤和注意事项。

2. 实验原理

磁控溅射是制备固体薄膜的重要技术手段之一，已被广泛地应用于科学研究和工业生产中。电子在电场的作用下加速飞向基片的过程中与氩原子发生碰撞，电离出大量的氩离子和电子，电子飞向基片。氩离子在电场的作用下加速轰击金属铝靶材，溅射出大量的靶材铝原子，呈中性的铝材靶原子(或分子)在基片上沉积成铝膜。二次电子在加速飞向基片的过程中受到洛伦兹力的作用，被束缚在靠近金属铝靶面的等离子体区域内，该区域内等离子体密度很高，二次电子在磁场的作用下围绕靶面做圆周运动，该电子的运动路径很长，在运动过程中不断地与氩原子发生碰撞，电离出大量的氩离子轰击靶材，经过多次碰撞后电子的能量逐渐降低，摆脱了磁力线的束缚，远离靶材，最终沉积在基片上。由于该电子的能量很低，传递给基片的能量很小，致使基片温升较低。磁控溅射就是以磁场束缚和延长电子的运动路径，改变电子的运动方向，来提高工作气体的电离率和电子能量的利用率。电子的归宿不仅是基片，真空室内壁及靶源阳极也是电子的归宿，但一般情况下基片与真空室及阳极在同一电势。磁场与电场的交互作用使单个电子的轨迹呈三维螺旋状，而不是仅在靶面做圆周运动。至于靶面圆周型的溅射轮廓，那是因为靶源磁场的磁力线呈圆周形。磁力线分布方向的不同会对成膜造成很大的影响。在电磁场相互作用的机理下工作的不仅是磁控溅射，多弧镀靶源、离子源、等离子源等都在此原理下工作，所不同的是电场方向、电压和电流的大小而已。磁控溅射的特点是成膜率高，基片温度低，膜的黏附性好，可实现大面积镀膜。

3. 实验内容

采用磁控溅射制备金属铝膜。

4. 实验设备与器材

(1)磁控溅射镀膜设备。

(2)真空泵。

(3)金属铝靶材、承载薄膜的基片。

(4)镊子。

5. 实验步骤

(1)开机前的准备工作。

①检查水路：开动水阀，接通冷却水，检查水压是否足够大，保持各水路畅通。

②检查电源线路：检查总供电电源配线是否完好、地线是否接好，确认所有仪表电源开关全部处于关闭状态。

③检查分子泵、机械泵油是否标注到刻线处。

④检查系统的所有阀门是否全部处于初始设定状态，确定真空室完全处在抽真空前为封闭状态。

(2)磁控溅射室装入样品。

①启动总电源：打开总电源开关，将"断水报警"按钮拨到"报警"。

②打开氮气气瓶、放气阀，声音停止后关闭放气阀。

③用升降机升起真空室上盖。

④放入靶材和衬底，调整角度和距离，用升降机关闭上盖。

(3)抽真空。

①启动机械泵，打开旁抽阀、真空计，测量真空。

②当真空计显示的真空度小于 20Pa 时，关闭旁抽阀

③打开电磁阀，按"运行"按钮启动分子泵，打开闸板阀。当真空度降到 10^{-4}Pa 时，关闭 SV4。

(4)磁控溅射镀膜。

①打开加热温控电源，设置所需温度，设置温度，按 enter 按钮确认，长按 Run 按钮运行，调节功率旋钮进行加热。

②看真空计，按"功能"键，将电离状态转为电阻状态。

③给溅射室充气：将相应的气瓶阀门打开，流量计打到阀控挡，调节所需的流量。通过适当关闭闸板阀来调节工作压强，压强达到工作气压并稳定后，便可开始工作。

④射频溅射：按"▲、▼"按钮设定溅射功率值（200W 以下），观察起辉情况，调节射频匹配器旋钮将反射调至最小；直流溅射：调直流溅射的电压、电流，保持功率在 200W 以下。

⑤预溅射 10min 后，用计算机软件控制，打开衬底挡板，开始溅射镀膜，同时开始计时。

(5)停止溅射镀膜。

①首先关闭衬底挡板，关闭射频(或直流)电源、流量计电源。

②关闭溅射室进气阀，关闭相应气瓶阀门，全部打开闸板阀，开真空计开电离开关，用分子泵直接抽气，当真空度降到 10^{-4}Pa 时，关闭闸板阀。

③按"停/复"按钮关闭分子泵，频率降到零，转速低于 80r/min 时关闭电磁阀，再关闭机械泵。

④取出样品：当衬底温度降为室温时，打开氮气气瓶阀门，向溅射室内充入干燥氮气。电动提升真空室上盖，戴上清洁手套，从样品台上取出镀好的样品。

(6)停机。

①每次做完实验，取出样品后，用机械泵抽一下真空。

②关闭所有阀门，尤其注意关闭闸板阀和旁抽阀、进气阀、放气阀，使系统保持真空。

③关闭各路电源前，先关闭各路仪表电源。

6. 注意事项

(1)磁控靶、离子枪、分子泵及水冷盘工作时，一定要通水冷却。

(2)磁控溅射室、离子束溅射室和进样室烘烤时，真空室壁面及观察窗温度不得超过 100℃。

(3)实验开始抽真空时，需要先按下低真空键，等气压达到 5Pa 时，再按下高真空键，而实验结束时，不能直接按放气键，一定要先把分子泵隔离开。

(4)溅射完毕之后，样品可随炉冷却，当真空室内温度≤60℃时再暴露于大气中。

(5)实验结束后一定要把仪器关掉，注意安全。

7. 思考题

(1)磁控溅射镀膜的适用范围。

(2)为提高所溅射金属铝膜厚的均匀度，可以采取哪些措施?

(3)溅射镀膜的特点。

2.10　金属剥离工艺实验

2.10.1　实验目的

(1)熟悉光刻、蒸发工艺的原理和步骤;

(2)掌握相关工艺步骤及温度和时间的控制;

(3)掌握金属剥离工艺的原理和方法。

2.10.2　实验原理

剥离(lift off)工艺技术是在硅片表面涂上一层光刻胶,经过前烘、曝光、显影形成光刻胶图形,用蒸发或溅射镀膜的方法沉积一个薄金属层,再将硅片浸入光刻胶剥离液里,金属膜与硅片直接接触的地方被保留,沉积在光刻胶上的金属薄膜随着光刻胶的溶解而被剥离掉,从而形成金属图形。这个工艺一般用于将难刻蚀的金属图形化。

剥离分为单层光刻胶剥离和多层光刻胶剥离,这个技术的关键是光刻胶图形的侧壁形状。常规光刻以后,光刻胶的侧壁形状如图 2.5(a)所示,光刻胶的内上角如果大于 $90°$,蒸发或溅射金属后,光刻胶容易被金属覆盖,剥离液较难穿透金属溶解光刻胶。理想的剥离工艺如图 2.5(b)所示,光刻胶的 θ 角小于 $90°$,有明显的倒角悬垂,衬底上的金属与光刻胶上的金属不连续,台阶处有断裂,剥离液很容易渗透到光刻胶。为了得到这样的剖面形状,可以采用多层光刻胶进行光刻,但工艺很复杂。而反转光刻胶单层就可以实现这样的效果。

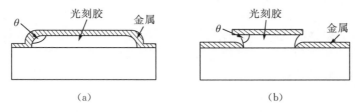

图 2.5　普通光刻胶沉积金属后剖面图(a)和理想光刻胶沉积金属后剖面图(b)

反转光刻胶光刻机理:紫外光透过掩膜版曝光,曝光区域的光刻胶膜在紫外光的作用下形成溶于碱性显影液的羧酸衍生物,非曝光区则没有发生光化学反应。将曝光后的硅片在较高温度(120℃)下烘烤,曝光区域的酸类物质又发生反应生成不溶于显影液的酰胺类化合物(这个步骤称为反转烘);再把反转烘过的硅片进行无掩膜曝光(泛曝光),第一次曝光区就成为难溶解区域,原来掩膜版下的非曝光区,这时在光作用下发生光化学反应,就成为可溶区域,显影后就得到了和掩膜版相反的图形。

在第一次有掩膜曝光时,紫外光照射到光刻胶膜上时,从膜的表面到膜深处其吸收的能量逐渐减少,从而发生的光化学反应逐渐减弱,光刻胶表面产生的酸类物质较多,反转烘时产生的难溶物质较多,从而在显影时形成倒梯形的光刻胶侧壁。

虽然反转光刻胶在金属剥离工艺中有很多优点,但是很多实验室只能做正胶、负胶光刻工艺实验,在金属薄膜厚度比较薄的情况下剥离效果也能达到预期效果。

如图 2.6 所示为金属剥离过程,从上到下依次为光刻胶图形、沉积金属、剥离后。

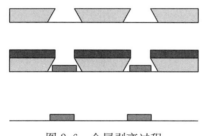

图 2.6　金属剥离过程

2.10.3　实验内容

(1)用剥离法制备铝金属电极。

(2)显微镜观察电极形貌。

2.10.4　实验设备与器材

(1)光刻机、涂胶机。

(2)电子束蒸发台。

(3)清洗台、恒温热板。

(4)金属源、硅片。

(5)烧杯若干、镊子。

(6)光刻胶、显影液、光刻胶剥离液、清洗液。

2.10.5　实验步骤

(1)基于正胶、负胶工艺的金属剥离实验步骤：

①光刻：通过清洗-涂胶-软烘-曝光-显影-显微镜检查，制备光刻图形。

②镀膜：在有光刻胶图形的硅片上蒸发或溅射金属铝。

③剥离：将蒸发(或溅射)好的硅片在光刻胶剥离液中浸泡或超声进行金属铝剥离。

④检查：显微镜下观察铝电极形貌。

(2)基于反转胶的金属剥离实验步骤。

①光刻：通过清洗-涂胶-软烘-曝光-反转烘-泛曝光-显影-显微镜检查，制备光刻图形。

②镀膜：在有光刻胶图形的硅片上蒸发或溅射金属铝。

③剥离：将蒸发(或溅射)好的硅片在光刻胶剥离液中浸泡或超声进行金属铝剥离。

④检查：显微镜下观察铝电极形貌。

2.10.6　注意事项

(1)电子束蒸发或者溅射金属薄膜时，要在低于 100℃ 的温度下进行，高温会使光刻胶变性，难溶于剥离液。

(2)较难剥离的金属薄膜可用超声波振动剥离。

(3)金属薄膜厚度要小于光刻胶厚度，一般在 2/3 以下最好。

2.10.7　思考题

(1)正胶、负胶、反转胶的机理分析。

(2)金属薄膜的厚度对剥离效果有什么影响?

(3)金属剥离技术的应用是什么?

第 3 章　基础测试实验

3.1　物理性能测试实验

3.1.1　SiO₂ 厚度测试实验

1. 实验目的

(1)掌握 SiO₂ 膜厚的各种测量方法。

(2)用不同的膜厚测试方法测出所给实验样品的膜厚，并进行比较。

2. 实验原理

1)干涉法

首先用 HF 溶液腐蚀 SiO₂(将不需要腐蚀的部分用光刻胶或真空封蜡保护起来)，制作出一个 SiO₂ 的斜面。用单色光垂直照射氧化层表面时，由于 SiO₂ 为透明介质，所以入射光将分别在 SiO₂ 表面和 SiO₂-Si 界面处发生反射现象，如图 3.1所示。

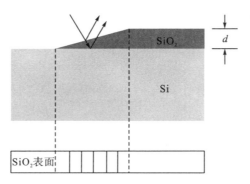

图 3.1　干涉法测试氧化层厚度原理图

当两束相干光的光程差 Δ 为半波长的整数倍，即当 $\Delta = 2k \dfrac{\lambda}{2} = k\lambda (k = 0，1，$

2…)时，两束光的相位相同，互相增强，因而出现亮条纹。当两束光的光程差 Δ 为半波长的奇数倍，即当 $\Delta = (2k+1)\dfrac{\lambda}{2}$ 时，两束光的相位相反，因此光强减弱，出现暗条纹。由于整个 SiO_2 台阶的厚度为连续变化，所以，在 SiO_2 台阶上将出现明暗相间的干涉条纹。

因为折射率 $n_{Si} \approx 3.4 > n_{SiO_2} \approx 1.5 > n_{air} \approx 1$，因此，在 SiO_2 表面反射的光和自 SiO_2-Si 界面反射的光的光程差等于 $2n_{SiO_2}d$。从斜面尖端开始的第一条亮纹，其所对应的 SiO_2 层厚度 d_1 应满足

$$2n_{SiO_2}d_1 = 2 \times \frac{\lambda}{2}$$

即

$$d_1 = \lambda / 2n_{SiO_2}$$

而第二条亮纹所对应的 SiO_2 厚度 d_2 应该满足

$$2n_{SiO_2}d_2 = 4 \times \frac{\lambda}{2}$$

即

$$d_2 = \lambda / n_{SiO_2}$$

类似地有

$$d_3 = 3\lambda / 2n_{SiO_2}$$
$$d_4 = 2\lambda / n_{SiO_2}$$
$$\cdots$$

因此，每相邻两条亮条纹所对应的 SiO_2 厚度为

$$d_2 - d_1 = d_3 - d_2 = \cdots = \lambda / 2n_{SiO_2}$$

如果在 SiO_2 斜面上显现出的亮条纹数为 N，可求得 SiO_2 层的总厚度为

$$d = N \times \frac{\lambda}{2n_{SiO_2}}$$

2）比色法

这种方法比较简单，也比较粗糙。由于光的干涉作用，SiO_2 厚度不同，通过肉眼所观察到的颜色也不同。SiO_2 层厚度与颜色的关系如表 3.1 所示。但是氧化层颜色随 SiO_2 厚度的增加呈周期性变化。对应同一种颜色，可能有几个不同的厚度，具体的厚度还需要结合具体的工艺条件判断出。此方法只适用于氧化膜厚度在 $1\mu m$ 以下的情况。注意，表 3.1 中所列的颜色是照明光源与眼睛均垂直于硅片表面时所观测到的颜色。

表 3.1 通过颜色的不同可估算 SiO₂ 层厚度

颜色	氧化层厚度/Å				
灰	100				
黄褐	300				
蓝	800				
紫	1000	2750	4650	6500	8500
深蓝	1400	3000	4900	6800	8800
绿	1850	3300	5200	7200	9300
黄	2000	3700	5600	7500	9600
橙	2250	4000	6000	7900	9900
红	2500	4350	6250	8200	10200

3）台阶仪测试 SiO₂ 的厚度

用台阶仪测试 SiO₂ 厚度的原理图如图 3.2 所示。通过光刻工艺（光刻工艺的原理请见本书 2.5 节）得到 SiO₂ 的图形后，用台阶仪测量得到的 SiO₂ 层的厚度。

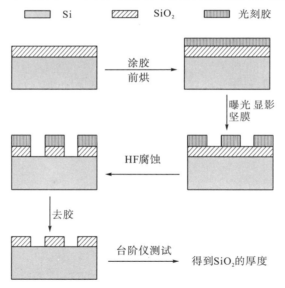

图 3.2 台阶仪测试 SiO₂ 厚度的实验原理图

4）椭圆偏振法测试 SiO₂ 的膜厚

椭圆偏振法是将椭圆偏振光投射到样品表面，通过观察反射光偏振状态的变化，得到 SiO₂ 薄膜的厚度和折射率。具体实验原理见《半导体物理实验》的"椭偏仪测试 SiO₂ 厚度实验"章节。

3. 实验内容

（1）用比色法测量氧化样品的膜厚。

(2)用干涉法、台阶仪法测量氧化样品的膜厚，并计算平均值。

4. 实验设备与器材

(1)台阶仪。
(2)金相显微镜。
(3)光刻机、涂胶台。
(4)硅片、光刻胶、显影液、氢氟酸。

5. 实验步骤

(1)取若干片同一炉氧化的样品，用光源垂直于硅片表面观测颜色，与表3.1对比，再根据氧化工艺条件得到氧化层厚度。
(2)分别用干涉法和台阶仪法进行厚度测试，求出平均值并进行比较。

6. 注意事项

(1)氢氟酸具有强烈的刺激性和腐蚀性，接触到皮肤反应立即用流水清洗。
(2)使用台阶仪时注意不要碰到针尖，按照操作规程取放硅片。

7. 思考题

(1)根据干涉法测试膜厚的原理，应该如何制备样品？
(2)用台阶仪法测试 SiO_2 的膜厚，其误差来源于哪些可能因素？

3.1.2 方块电阻的测量实验

1. 实验目的

掌握方块电阻的测量原理和测试方法。

2. 实验原理

方块电阻是半导体工艺中的一个重要参数，通过方块电阻的测量，可以检测扩散到半导体中的杂质总量。

如果一个均匀的导体是一个宽为 W、厚度为 x_j 的薄层，如图3.3所示，则

$$R_\square = \rho \frac{L}{S} = \rho \frac{L}{x_j W} = \frac{\rho}{x_j} = \frac{1}{\sigma x_j} \tag{3.1}$$

式中，σ 为扩散层的平均电导率。注意 $R_\square$ 的单位是"Ω"，但为了强调是一个方块电阻，常记为"$\Omega/\square$"。

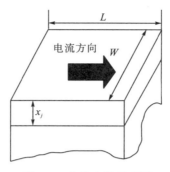

图 3.3 方块电阻示意图

若衬底中原杂质浓度分布为 $N_B(x)$，而扩散杂质底浓度分布为 $N(x)$，则扩散层中有效杂质浓度分布为 $N_e(x) = N(x) - N_B(x)$，在 x_j 处，$N_e(x) = 0$。又若杂质全部电离，则载流子浓度分布也是 $N_e(x)$。于是扩散层的电导率为

$$\sigma(x) = N_e(x) q \mu$$

式中，q 为电子电荷；μ 为载流子迁移率；平均电导率可表示为

$$\sigma = \frac{1}{x_j} \int_0^{x_j} \sigma(x) \mathrm{d}x = \frac{1}{x_j} \int_0^{x_j} N_e(x) q \mu \mathrm{d}x \tag{3.2}$$

如果迁移率 μ 为常数（即 μ 与坐标 x 无关），则

$$R_\square = \frac{1}{q\mu \int_0^{x_j} N_e(x) \mathrm{d}x} \tag{3.3}$$

式中，积分 $\int_0^{x_j} N_e(x) \mathrm{d}x$ 代表单位面积从表面扩散到 x_j 处的有效杂质的总量；而 $\frac{1}{x_j} \int_0^{x_j} N_e(x) \mathrm{d}x = \overline{N_e}$ 代表扩散层中的平均掺杂浓度。因此，如果衬底中的原杂质浓度很低，可近似为 $N_e(x) \approx N(x)$，则有

$$\int_0^{x_j} N_e(x) \mathrm{d}x \approx \int_0^{x_j} N(x) \mathrm{d}x = Q \tag{3.4}$$

因此

$$R_\square \approx \frac{1}{q\mu Q} \tag{3.5}$$

式中，Q 是单位面积内的扩散杂质总量。因此，$R_\square$ 的大小反映了扩散到衬底体内的杂质总量的多少，杂质总量 Q 越多，$R_\square$ 就越小。

由式(3.1)可以看出，如果测出薄层的电阻率和厚度，就可以得到薄层的 $R_\square$。可以用等距直线排列的四探针法来测量电阻率 ρ。对于薄层厚度 x_j 远小于探针间距 s 的无穷大薄层样品，电阻率的四探针测量原理如下。

直线型四探针法是用针距为 s（通常 $s = 1\mathrm{mm}$）的 4 根金属排成一列同时压在平整的样品表面上，如图 3.4 所示，其中最外面的两根（图 3.4 中的 1、4 探针）与恒定电流源连通，由于样品中有恒定电流 I 通过，所以将在探针 2、3 之间产

生压降 V。

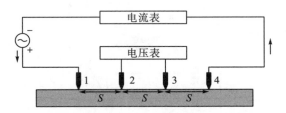

图 3.4　测量电阻率的四探针法原理图

对半无穷大均匀电阻率的样品，若样品的电阻率为 ρ，点电流源的电流为 I，则当电流由探针流入样品时，电流探针下的等位面和电力线如图 3.5 所示，其中，虚线代表等位面，等位面为一系列以点电流为中心的半球面；实线代表电力线，电力线具有球面对称性。在以 r 为半径的半球面上，电流密度 j 为均匀分布。

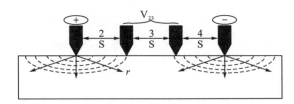

图 3.5　电流探针下的等位面和电力线

$$j = \frac{I}{2\pi r^2} \tag{3.6}$$

设 E 为 r 处的电场强度，则

$$\boldsymbol{E} = \boldsymbol{j}\rho = \frac{I\rho}{2\pi r^2} \tag{3.7}$$

式中，ρ 为样品电阻率。

因为

$$\boldsymbol{E} = -\frac{\mathrm{d}V}{\mathrm{d}r} \tag{3.8}$$

所以

$$\mathrm{d}V = -\boldsymbol{E}\mathrm{d}r = -\frac{I\rho}{2\pi r^2}\mathrm{d}r \tag{3.9}$$

取 r 为无穷远处，其电位为零，则

$$\int_0^{V_{(r)}} \mathrm{d}V = \int_0^r (-\boldsymbol{E})\mathrm{d}r = -\frac{I\rho}{2\pi}\int_0^r \frac{\mathrm{d}r}{r^2} \tag{3.10}$$

所以在 r 处形成的电势 $V_{(r)}$ 为

$$V_{(r)} = -\frac{I\rho}{2\pi r} \tag{3.11}$$

对应于扩散样品，由于反偏 pn 结的隔离作用，扩散层下的衬底可视为绝缘层，对于薄层厚度 x_j 远小于探针间距 s 的无穷大薄层样品，类似于上面对半无穷大样品的分析，可求出电流探针 1 在样品 r 处的电位，即

$$(V_r)_1 = \int_r^\infty \frac{\rho I}{2\pi r x_j} \mathrm{d}r = -\frac{\rho I}{2\pi x_j}\ln r \tag{3.12}$$

而电流探针 4 在 r 处的电位为

$$(V_r)_4 = \frac{\rho I}{2\pi x_j}\ln r \tag{3.13}$$

电流探针 1 和 4 在电压探针 2 处的总电位为

$$(V_2)_{14} = (V_2)_1 + (V_2)_4 = \frac{\rho I}{2\pi x_j}\ln\frac{s+s}{s} = \frac{\rho I}{2\pi x_j}\ln 2 \tag{3.14}$$

电流探针 1 和 4 在电压探针 3 处的总电位为

$$(V_3)_{14} = (V_3)_1 + (V_3)_4 = \frac{\rho I}{2\pi x_j}\ln\frac{s}{s+s} = \frac{\rho I}{2\pi x_j}\ln\frac{1}{2} \tag{3.15}$$

所以

$$V_{23} = (V_2)_{14} - (V_3)_{14} = \frac{\rho I}{2\pi x_j}(\ln 2 - \ln\frac{1}{2}) = \frac{\rho I}{\pi x_j}\ln 2 \tag{3.16}$$

因此得到极薄样品的电阻率为

$$\rho = (\frac{\pi}{\ln 2})x_j\frac{V_{23}}{I} = 4.532 x_j\frac{V_{23}}{I} \tag{3.17}$$

可知，对于极薄的样品，在探针等间距的情况下，探针间距 s 与测量结果无关，但电阻率 ρ 与样品厚度 x_j 成正比。

因此，可得到四探针法测试方块电阻的阻值为

$$R_\square = \frac{\rho}{x_j} = 4.532\frac{V_{23}}{I} \tag{3.18}$$

3. 实验内容

(1)分别测量所给的不同导电类型的各样品的方块电阻。

(2)对同一样品，测量 5 个不同的点，求出各样品方块电阻的平均值。

4. 实验设备与器材

(1)电阻率测试仪。

(2)四探针。

5. 实验步骤

(1)一组不同导电类型的半导体样品，选择合适的电流，用四探针法分别测量其方块电阻。

(2)记录实验结果，计算待测样品的方块电阻值。

6. 注意事项

(1)调节旋钮时用力不要过猛,以免压碎硅片。

(2)要根据电阻率的预测值调节电流的大小。

7. 思考题

(1)在做 npn 晶体管基区过程中,比较 B 预扩后与 B 再扩后测得的方块电阻的阻值,并进行解释。

(2)如图 3.6(a)所示,在 p 型衬底上掺入 n 型杂质时。三种不同的载流子浓度分布如图 3.6(b)所示,其中(a)是均匀掺杂,(b)掺杂浓度逐渐增加,(c)掺杂浓度逐渐降低,请问三种不同情况下的方块电阻值是否相同?

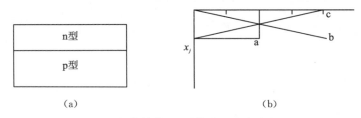

(a)   (b)

图 3.6　器件结构(a)和载流子浓度分布(b)

3.1.3　结深的测量实验

1. 实验目的

掌握滚槽法测量结深的原理和测试方法。通过对不同工艺扩散片结深的测量,加深学生对扩散原理的理解,为将来从事微电子相关方面的研究打好基础。

2. 实验原理

扩散前的衬底杂质浓度和扩散进入衬底的相反类型的杂质浓度相等的地方就是半导体的"结"。半导体表面与结之间的距离称为结深.

结深测量可以采用磨角法、滚槽法和阳极氧化法。而滚槽法测量更容易实现,因此实验室多采用滚槽法测量结深。

滚槽法的基本原理:在 pn 结结面上滴染色液时,由于结两侧的硅与染色液形成微电池,两个极区反应不同,p 区和 n 区在染色上存在差异,使 pn 结的界面显现出来,测量其结深。

常用的染色法有两种:

(1)硫酸铜光照染色法。染色液配方为硫酸铜($CuSO_4 \cdot 5H_2O$):氢氟酸(48%HF)=200g/L:10g/L。将硅片抛光后放入染色液内,用普通灯光照射(约

30s)后，在 n 区一侧染有铜，颜色略呈红色，与 p 区有显著色差。

(2)浓硝酸染色法。在浓硝酸中加入约 0.1% 的氢氟酸，硅片浸入约几分钟，p 区变暗。

滚槽法测量结深：在硅片表面磨出一道柱槽，剖面结构如图 3.7 所示。

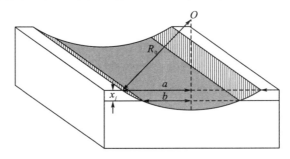

图 3.7 结深测量原理图

用硫酸铜或者浓硝酸染色，溶液会使 p 型区颜色比 n 型区颜色暗，从而显示出 pn 结。假设 R_0 为磨槽所用工具的半径，a 和 b 分别如图 3.7 所示，则可得结深为

$$x_j = \sqrt{R_0^2 - b^2} - \sqrt{R_0^2 - a^2}$$

3. 实验内容

分别测量不同工艺扩散片的结深。

4. 实验设备与器材

(1)磨槽机。
(2)金相测量显微镜。
(3)硫酸铜或浓硝酸。

5. 实验步骤

(1)在硅片表面磨槽。
(2)用硫酸铜或者浓硝酸染色，显示 pn 结。
(3)用显微镜测试图 3.7 的 a 和 b 参数。
(4)计算结深。

6. 注意事项

(1)压力不要过大以免夹碎硅片。
(2)水流要调节适中。

7. 思考题

在 980℃ 的温度下，将砷扩散到掺有硼的硅片中，硼的掺杂浓度为 $10^{16} \mathrm{cm}^{-3}$，历时 3h，如果表面浓度恒定在 $4 \times 10^{19}\,\text{cm}^{-3}$，问结深为多少？假设 $D = D_0 \exp(-\frac{E_a}{k_0 T}) \times \frac{n}{n_i}$，$D_0 = 45.8\,\text{cm}^2/\text{s}$，$E_a = 4.05\text{eV}$，$x_j = 1.6\sqrt{Dt}$。

3.2　电学性能测试

　　传统的晶体管的性能测试是在晶体管封装之后，然而封装后进行测试存在一些不利因素，例如，需要较长的时间，导致测试周期变长，测试费用较高等。一种较好的解决办法是对晶体管进行晶圆级测试（wafer level test，WLT），也就是在晶体管封装之前对其进行测试，这是一种高效的测试方法。

　　本节首先对测试仪器包括晶体管图示仪和探针台进行介绍，然后分别阐述晶圆级二极管、晶圆级双极型晶体管及晶圆级 MOS 管的测试原理及过程。

1. 晶体管图示仪

　　晶体管图示仪是以半导体器件为测量对象的电子仪器。用它不仅可以测试晶体三极管的输入特性、输出特性，各种反向饱和电流和击穿电压，还可以测量场效应管、稳压管、二极管、单结晶体管、可控硅等器件的各种参数。下面以 HZ4832 型晶体管图示仪为例介绍晶体管图示仪的功能和使用方法。

　　HZ4832 型晶体管特性图示仪主要由以下几部分组成：①显示屏；②X 轴、Y 轴放大器；③阶梯信号发生器；④集电极电源；⑤测试台；⑥其他组成部分，如主电源供给、高频高压电源及示波管控制电路等。HZ4832 型晶体管图示仪如图 3.8 所示。下面介绍几个重要部分。

图 3.8　HZ4832 型晶体管图示仪

第一部分：显示屏。晶体管图示仪的显示屏是由阴极射线管构成的，主要用来显示晶体管性能测试曲线。显示屏由标线划分为 X 轴和 Y 轴，X 轴和 Y 轴被划分为正负五格，每格又被细分为 5 等份。通过调整显示屏聚焦和辉度旋钮可以改变显示曲线的亮度和对比度。通过旋转 X 位移和 Y 位移旋钮可以调整测试曲线原点的位置。

第二部分：X 轴、Y 轴放大器。显示屏上 X 轴代表集电极电压，Y 轴代表集电极电流。通过改变 X 轴旋挡改变 X 轴上每一格代表的电压值，同理，通过改变 Y 轴旋挡改变 Y 轴上每一格代表的电流值。在测试时若想获得曲线上某一点对应的电压和电流值，可以首先读出该点的坐标值，然后再用该坐标值乘以每一格代表的电压值或电流值。例如，X 轴电压为 $1V/div$，Y 轴电流为 $1mA/div$。注意：可以通过 10 倍放大旋钮实现测试电流的 10 倍放大。

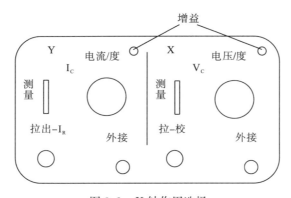

图 3.9　X 轴作用选择

第三部分：阶梯信号（图 3.10）。阶梯信号是指加在双极晶体管基极或场效应晶体管栅极的信号，测试双极晶体管时阶梯信号选择电流信号，而测试场效应晶体管时阶梯信号选择电压信号。通过旋转阶梯信号旋钮确定每一级阶梯信号所代表的不同数值，如 $1uA/$级。通过级/簇旋钮调节阶梯信号的级数，这个级数对应着显示屏上显示出的曲线条数，可调节级数最大为十级。这里需要注意的是在测试不同种类的晶体管时必须选择与之对应的正确极性，如正极性或负极性。

第四部分：集电极电源。集电极电源（图 3.11）控制部分主要包括峰值电压范围、功耗限制电阻、极性及峰值电压等几部分。其中峰值电压范围用于调节加到集电极的电压的最大值，如 10V、50V、100V 等，为了防止危险。一般测试时首先选择最小量程，当最小量程不能满足测试要求时再选择较高一级的量程；功耗限制电阻用于串接在集电极上以防止超过功耗而损伤被测器件或测试设备；极性用于切换集电极电源的极性以适应不同的晶体管，如 npn 管或 pnp 管；最后通过旋转峰值电压旋钮就可以在被测器件的集电极上施加一定的电压，当然施加的这个电压的最大值受到峰值电压范围的制约。

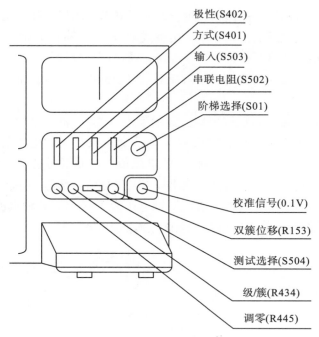

图 3.10　阶梯信号部分

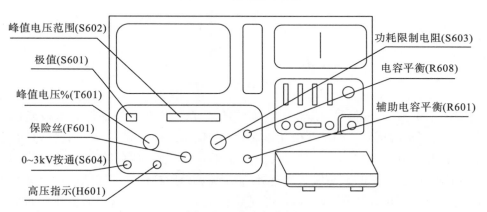

图 3.11　集电极电源

　　第五部分：测试台（图 3.12）。以晶体管为例，用半导体工艺处理完毕的晶圆上含有数量巨大的晶体管，其经过划片就可以得到分立的晶体管，再经过封装这些晶体管就拥有了长长的引脚。将被测晶体管的引脚插入晶体管图示仪测试台对应的测试孔中，如 E、B、C 孔，就可以方便地进行测试了。当然，未经过划片和封装的晶体管不具有引脚，然而在晶圆上它们具有较大面积的压焊点，想要对未封装的晶体管进行测试（即晶圆级测试），就需要从晶体管的压焊点处引出金属连线，并与晶体管图示仪测试台对应的测试孔相连接，从而实现测试。

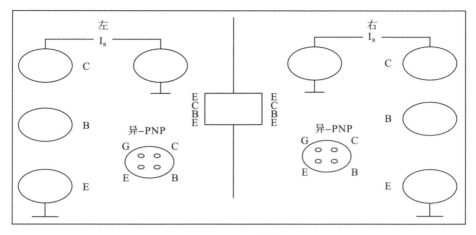

图 3.12　测试台部分

2. 探针台

前面提到被测试晶体管有两种情况；一种是封装了的带有引脚的晶体管，另一种是未封装的不带有引脚的晶体管。对第一种情况的晶体管进行测试比较简单，只需将晶体管的引脚插入测试台对应的测试孔中就可以了，而对第二种情况的晶体管进行测试的一个主要问题是如何从晶圆上晶体管的压焊点处引出金属互连线并连接至测试台的测试孔中。要解决上述问题就需要使用探针台，下面就探针台作一介绍。

探针台(图 3.13)主要包括载片台、显微镜和探针系统。载片台的作用是用来承载晶圆，晶圆用真空系统进行固定以防滑移，载片台可以前后、左右、旋转及上下运动。由于晶圆上晶体管的尺寸十分微小，所以必须使用显微镜系统进行放大观察。探针台的探针主要由金属钨制成，其针尖的曲率半径很小，一般为微米量级。一台探针台可以根据需要配置多根探针，如 4 根、6 根等。探针台上的探针被固定在探针座上，探针座上有微调旋钮，通过这些微调旋钮可以对探针进行前后、左右及上下调整，注意这些调整距离是十分有限的，不可用来大范围或长距离调整。在晶体管测试时，通过精确的调整可以使探针的针尖与晶圆上晶体管的压焊点(典型尺寸为 $100\mu m \times 100\mu m$)实现良好接触，在探针座尾端连接的金属互连线用来与晶体管图示仪上的测试台互连，最终实现晶体管性能测试。

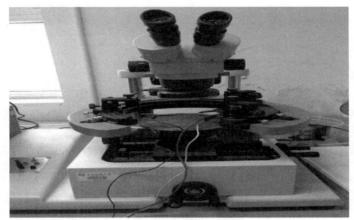

图 3.13　探针台

3.2.1　晶圆级二极管性能测试实验

1. 实验目的

(1)掌握晶体管图示仪的基本原理及使用方法。

(2)掌握探针台的基本原理及使用方法。

(3)掌握晶圆级二极管的直流电学参数测试方法。

2. 实验原理

二极管的主要性能参数包括正向导通电压和反向击穿电压。正向导通电压是二极管通过额定正向电流时，在两极间所产生的电压降，用 V_F 表示。反向击穿电压是反向电流突然增大，二极管发生击穿时的电压，用 V_B 表示。图 3.14 为二极管测试原理图。

通过晶体管图示仪可以获得二极管的伏安特性曲线，如图 3.15 所示。二极管的正向导通电压和反向击穿电压可以从二极管伏安特性曲线中直接读出。

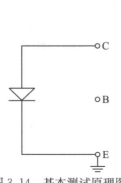

图 3.14　基本测试原理图

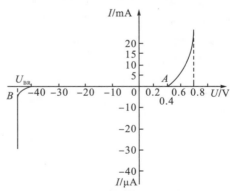

图 3.15　二极管伏安特性曲线

3. 实验内容

(1)学习晶体管特性图示仪的基本原理及使用方法。

(2)学习探针台的基本原理及使用方法。

(3)对晶圆级二极管的直流电学参数进行测试。

4. 实验设备

(1)晶体管特性图示仪及使用说明书。

(2)探针台及使用说明书。

(3)含有二极管的晶圆。

(4)金属镊子及橡胶手套等。

5. 实验步骤

(1)打开探针台工作电源。

(2)用镊子将带有二极管的晶圆放置在探针台的载片台上,打开真空系统固定晶圆。

(3)通过载片台的前后及左右旋钮将晶圆调整到合适的待测位置,使用载片台的上下旋钮将载片台升至最高处。

(4)打开显微镜系统,观察晶圆表面,找到被测器件。

(5)用显微镜观察探针,利用探针座上的微调旋钮调整探针针尖,使其与被测器件的压焊点对齐并扎针,从而实现良好接触。

(6)将探针座尾部的金属互连线连接至晶体管图示仪测试台对应的测试孔中。

(7)打开晶体管图示仪工作电源,通过辉度和聚焦旋钮适当调整显示屏上光点的亮度及清晰度,使用 X 方向和 Y 方向位移旋钮调整光点的位置。

(8)拨动 X 轴和 Y 轴旋挡选择合适的挡位,读出显示屏上 X、Y 轴每一格代表的电压和电流值。

(9)选择合适的峰值电压量程(起始应选择最小量程,若需要则可选择高一级量程)及功耗限制电阻;通过改变集电极的电源极性测试二极管的正向导通特性曲线和反向击穿特性曲线;通过旋转峰值电压旋钮实现集电极电压输出。

(10)通过图示仪显示屏观察实验曲线并进行适当调整,记录实验曲线及实验数据。

(11)实验完毕,将晶体管图示仪各旋钮、旋挡及选择性开关调回初始位置,关闭图示仪电源。

(12)关闭探针台真空系统,将探针台探针及载片台调回初始位置,收好实验晶圆,关闭显微镜系统,关闭探针台电源,清洁实验台面及实验室。

6. 注意事项

(1)测试时要使用晶圆镊子，不能用裸手直接拿取硅片。

(2)测试时要保持仪器、测试夹具和探针清洁，以免产生测试误差。

(3)电压不能调节过高，以免烧坏器件。

(4)测试完成要释放真空后再取硅片，以免硅片破碎。

7. 思考题

(1)二极管测试可以用万用表吗？如何测试？

(2)思考二级管反向击穿类型及其特点。

3.2.2 晶圆级双极型晶体管性能测试实验

1. 实验目的

(1)掌握晶体管特性图示仪的基本原理及使用方法。

(2)掌握探针台的基本原理及使用方法。

(3)掌握晶圆级双极型晶体管的直流电学参数测试方法。

2. 实验原理

对晶圆级双极型晶体管进行测试，测试内容主要包括 I_c-V_c 特性、I_c-I_b 特性以及耐压特性，下面以晶圆级 npn 双极型晶体管为例分别进行说明。

1)晶圆级双极型晶体管的 I_c-V_c 特性

如图 3.15 所示是晶圆级 npn 双极型晶体管的一组 I_c-V_c 特性曲线，此时晶体管的发射极接地信号，基极为电流输入信号 I_b，I_b 是一级一级的阶梯波信号，集电极电压 V_c 的变化范围为 0～5V，不同的基极电流信号 I_b 对应不同的集电极电流信号 I_c。

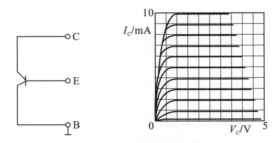

图 3.16   晶圆级 npn 双极型晶体管的 I_c-V_c 特性曲线

2)晶圆级双极型晶体管的 I_c-I_b 特性

在晶圆级 npn 双极型晶体管的 I_c-V_c 特性曲线的基础上，将晶体管图示仪上的集电极电压旋挡旋转至阶梯波图标处，便可以得到晶圆级 npn 双极型晶体管的 I_c-I_b 特性曲线。如图 3.17 所示，连接所有 I_b 条状线的上端点便构成了一条射线，即 I_c-I_b 特性曲线，通过这条曲线可以较容易地求得晶体管的放大倍数 β。

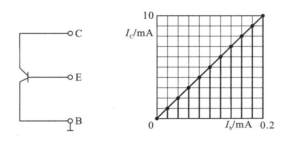

图 3.17　晶圆级 NPN 双极型晶体管的 I_c-I_b 特性曲线

3)晶圆级双极型晶体管的耐压特性

不同的双极型晶体管具有不同的耐压特性，如 BV_{ceo}、BV_{cbo}、BV_{ebo} 等。本实验主要讲解晶圆级 npn 双极型晶体管的 BV_{ceo} 特性。BV_{ceo} 是在晶体管基极 B 开路的条件下，测试集电极 C 与发射极 E 之间发生结击穿现象时的电压。如图 3.18 所示，首先将基极开路，然后扫描集电极电压，直到观察到击穿现象，击穿点所对应的电压就是 BV_{ceo}，这与测试二极管的反向击穿电压类似。

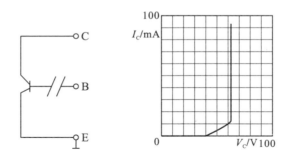

图 3.18　晶圆级 npn 双极型晶体管的 BV_{ceo} 特性曲线

3. 实验内容

(1)学习晶体管特性图示仪的基本原理及使用方法。

(2)学习探针台的基本原理及使用方法。

(3)测量晶圆级 npn 双极型晶体管的 β 值和 BV_{ceo}。

(4)测量晶圆级 pnp 双极型晶体管的 β 值和 BV_{ceo}。

4. 实验设备

(1)晶体管特性图示仪及使用说明书。

(2)探针台及使用说明书。

(3)含有双极型晶体管的晶圆。

(4)金属镊子及橡胶手套等。

5. 实验步骤

(1)打开探针台工作电源。

(2)用镊子将带有双极型晶体管的晶圆放置在探针台的载片台上,打开真空系统固定晶圆。

(3)通过载片台的前后及左右旋钮将晶圆调整到合适的待测位置,使用载片台的上下旋钮将载片台升至最高处。

(4)打开显微镜系统,观察晶圆表面,找到被测器件。

(5)用显微镜观察探针,利用探针座上的微调旋钮调整探针针尖,使其与被测器件的压焊点对齐并扎针,从而实现良好接触。

(6)将探针座尾部的金属互连线连接至晶体管图示仪测试台对应的测试孔中。

(7)打开晶体管图示仪工作电源,通过辉度和聚焦旋钮适当调整显示屏上光点的亮度及清晰度,通过 X 方向和 Y 方向位移旋钮调整光点的位置。

(8)拨动 X 轴和 Y 轴旋挡选择合适的挡位,读出显示屏上 X、Y 轴每一格代表的电压和电流值。

(9)阶梯信号包含两种类型:一种是电流信号,另一种是电压信号。由于被测器件为双极型器件,所以应选择的阶梯信号为电流信号。通过旋挡选择合适的阶梯信号 I_b 值;利用级/簇旋钮调节阶梯级数至 10 级;依据被测双极型器件的不同种类(如 npn 型或 pnp 型)选择正确的阶梯信号极性。

(10)选择合适的峰值电压量程(起始应选择最小量程,若需要则可选择高一级量程)及功耗限制电阻;与阶梯信号极性的选择类似,依据被测双极型器件的不同种类(如 npn 型或 pnp 型)选择正确的集电极电源极性;通过旋转峰值电压旋钮实现集电极电压输出。

(11)通过图示仪显示屏观察被测晶体管的 I_c-V_c 特性曲线并进行适当调整,例如,对电压和电流大小的调整、对阶梯信号大小的调整、对阶梯信号级数的调整或对功耗限制电阻的调整,记录实验曲线及实验数据;将晶体管图示仪上的集电极电压旋挡旋转至阶梯波图标处,观察被测晶体管的 I_c-I_b 特性曲线,求得晶体管的放大倍数 β,记录实验曲线及实验数据;将被测晶体管的基极 b 开路,选择较大的功耗限制电阻,如 1kΩ 或 5kΩ,缓慢增加集电极电压(根据需要逐次增大峰值电压量程,注意每次更换峰值电压量程前必须将集电极电压旋钮旋至 0),

直到观察到击穿现象，读取被测晶体管的 BV_{ceo} 值，记录实验曲线及实验数据。

（12）实验完毕，将晶体管图示仪各旋钮、旋挡及选择性开关调回初始位置，关闭图示仪电源。

（13）关闭探针台真空系统，将探针台探针及载片台调回初始位置，收好实验晶圆，关闭显微镜系统，关闭探针台电源，清洁实验台面及实验室。

6. 注意事项

（1）测试时要使用晶圆镊子，不能用手直接拿取硅片。

（2）测试时要保持仪器、测试夹具和探针清洁，以免产生测试误差。

（3）电压不能调节过高，以免烧坏器件。

（4）测试完成要释放真空后再取硅片，以免硅片破碎。

7. 思考题

（1）用晶体管图示仪能否测试双极型晶体管的 BV_{cbo} 和 BV_{ebo}？如果能，怎样测试？

（2）除了本实验涉及的测试参数外，双极型晶体管还有哪些参数？

3.2.3　晶圆级 MOS 管性能测试实验

1. 实验目的

（1）掌握晶体管图示仪的基本原理及使用方法。

（2）掌握探针台的基本原理及使用方法。

（3）掌握晶圆级 MOS 管的直流电学参数测试方法。

2. 实验原理

对晶圆级 MOS 管进行测试，测试内容主要包括输出特性、转移特性以及耐压特性，下面以晶圆级 NMOS 管为例分别进行说明。

1）晶圆级 MOS 管的输出特性

将晶圆级 MOS 管的漏、栅、源分别接到晶体管图示仪测试台的 C、B、E 接入孔中进行测试。如图 3.19 所示是晶圆级 NMOS 管的一组输出特性曲线，此时晶体管的源极及衬底接地信号，栅极为电压输入信号 V_G，V_G 是一级一级的阶梯波信号，漏极电压 V_D 的变化范围是 $0\sim5V$，不同的栅极电压信号 V_G 对应不同的漏极电流信号 I_D。

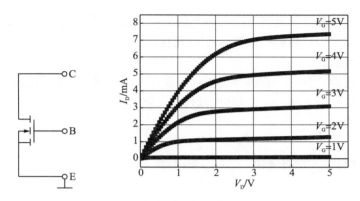

图 3.19   晶圆级 NMOS 管的输出特性曲线

2）晶圆级 MOS 管的转移特性

在晶圆级 NMOS 管的输出特性曲线的基础上，将晶体管图示仪上的集电极电压旋挡旋转至阶梯波图标处便可以得到晶圆级 NMOS 管的转移特性曲线。如图 3.20 所示，连接所有 V_G 条状线的上端点便构成了一条曲线，即转移特性曲线，通过这条曲线可以读取晶体管的开启电压 V_t 值。

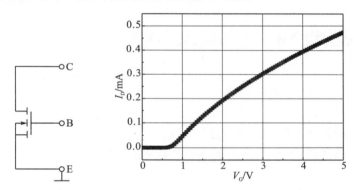

图 3.20   晶圆级 NMOS 管的转移特性曲线

3）晶圆级 MOS 管的耐压特性

耐压能力是衡量 MOS 管性能好坏的一项重要指标，如漏源耐压、漏与衬底的耐压以及栅耐压等。本实验主要测试晶圆级 NMOS 管的漏源耐压 BV_{DS} 特性。测试 BV_{DS} 时首先需要将 NMOS 管的栅极与源和衬底连接在一起，然后缓慢地扫描集电极电压，直到观察到击穿现象，击穿点对应的电压就是 BV_{DS}。

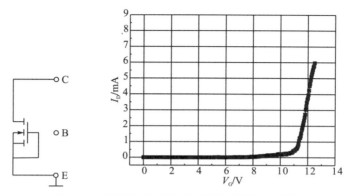

图 3.21 晶圆级 NMOS 管的漏源耐压特性曲线

3. 实验内容

(1)学习晶体管特性图示仪的基本原理及使用方法。

(2)学习探针台的基本原理及使用方法。

(3)测量晶圆级 NMOS 管的开启电压 V_{tn} 和漏源击穿电压 BV_{DSN}。

(4)测量晶圆级 PMOS 管的开启电压 V_{tp} 和漏源击穿电压 BV_{DSP}。

4. 实验设备与器材

(1)晶体管特性图示仪及使用说明书。

(2)探针台及使用说明书。

(3)含有 MOS 型晶体管的晶圆。

(4)金属镊子、橡胶手套等。

5. 实验步骤

(1)打开探针台工作电源。

(2)用镊子将带有 MOS 型晶体管的晶圆放置在探针台的载片台上,打开真空系统固定晶圆。

(3)通过载片台的前后及左右旋钮将晶圆调整到合适的待测位置,使用载片台的上下旋钮将载片台升至最高处。

(4)打开显微镜系统,观察晶圆表面,找到被测器件。

(5)用显微镜观察探针,利用探针座上的微调旋钮调整探针针尖,使其与被测器件的压焊点对齐并扎针,从而实现良好接触。

(6)将探针座尾部的金属互连线连接至晶体管图示仪测试台对应的测试孔中。

(7)打开晶体管图示仪工作电源,通过辉度和聚焦旋钮适当调整显示屏上光点的亮度及清晰度,通过 X 方向和 Y 方向位移旋钮调整光点的位置。

(8)拨动 X 轴和 Y 轴旋挡选择合适的挡位,读出显示屏上 X、Y 轴每一格所代表的电压和电流值。

(9)阶梯信号包含两种类型：一种是电流信号，另一种是电压信号。由于被测器件为场效应型器件，所以应选择的阶梯信号为电压信号。通过旋挡选择合适的阶梯信号 V_G；利用级/簇旋钮调节阶梯级数至 10 级；依据被测 MOS 型器件的不同种类(如 NMOS 或 PMOS)选择正确的阶梯信号极性。

(10)选择合适的峰值电压量程(起始应选择最小量程，若需要则可选择高一级量程)及功耗限制电阻；与阶梯信号极性的选择类似，依据被测 MOS 型器件的不同种类(如 NMOS 或 PMOS)选择正确的集电极电源极性；通过旋转峰值电压旋钮实现集电极电压的输出。

(11)通过图示仪显示屏观察被测晶体管的输出特性曲线并进行适当调整。例如，对电压和电流大小的调整对阶梯信号大小的调整、对阶梯信号级数的调整或对功耗限制电阻的调整，记录实验曲线及实验数据；将晶体管图示仪上的集电极电压旋挡旋转至阶梯波图标处观察被测晶体管的转移特性曲线，读取晶体管的开启电压 V_t，记录实验曲线及实验数据；将被测晶体管的栅极与源和衬底短接并连接至地信号，选择较大的功耗限制电阻，如 $1k\Omega$ 或 $5k\Omega$，缓慢增加集电极电压(依据需要逐次增大峰值电压量程，注意每次更换峰值电压量程前必须将集电极电压旋钮旋至 0)，直到观察到击穿现象，读取被测晶体管的漏源击穿电压 BV_{DS}，记录实验曲线及实验数据。

(12)实验完毕，将晶体管图示仪各旋钮、旋挡及选择性开关调回初始位置，关闭图示仪电源。

(13)关闭探针台真空系统，将探针台探针及载片台调回初始位置，收好实验晶圆，关闭显微镜系统，关闭探针台电源，清洁实验台面及实验室。

6. 注意事项

(1)测试时要使用晶圆镊子，不能用手直接拿取硅片。

(2)测试时要保持仪器、测试夹具和探针清洁，以免产生测试误差。

(3)电压不能调节过高，以免烧坏器件。

(4)测试完成要等释放真空后再取硅片，以免硅片破碎。

7. 实验思考题

用晶体管图示仪能否测试 MOS 型晶体管的栅耐压？如果能，怎样测试？测试的结果如何？

第4章　微电子制造综合实验

4.1　二极管制造实验

4.1.1　实验目的

(1)熟悉半导体工艺的一般步骤。

(2)掌握二极管的制造工艺流程及各工艺步骤的操作要求。

(3)掌握相关工艺步骤中温度和时间的控制、溶液配比要求。

(4)学会用显微镜进行观察。

(5)学会用探针台、晶体管特性图示仪测试二极管的电学性能参数。

4.1.2　实验原理

二极管是由 pn 结构成的最基本的微电子器件。二极管常的用半导体材料是硅、锗和Ⅴ族化合物(如砷化镓)等。pn 结二极管由相互接触的 p 型掺杂区和 n 型掺杂区构成，p 区为阳极，n 区为阴极。p 区是在半导体材料内掺入硼等三价元素形成的，n 区是在半导体材料内掺入磷等五价元素形成。二极管基本结构如图 4.1(a)所示，平面结构如图 4.1(b)所示。

(a)pn 结二极管基本结构

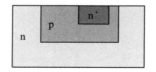

(b)pn 结二极管剖面结构图

图 4.1　二极管结构图

pn结硅二极管制造的工艺流程包括清洗、氧化、扩散、光刻、蒸发和刻蚀、测试等。各步骤的工艺原理、实验方法和测试方法参见基础知识和基础实验部分内容。

二极管制造工艺流程：备片→一次氧化→光刻、刻蚀 p 区→p 区硼预扩散→p 区硼再扩散（氧化）→光刻、刻蚀 n⁺ 区→n⁺ 区磷预扩散→n⁺ 区磷再扩散（氧化）→光刻、刻蚀接触孔→蒸发铝→光刻、刻蚀铝电极→合金化→测试。

本实验使用 n 型 3in 硅片，工艺流程剖面图如图 4.2 至图 4.13 所示。

1）一次氧化

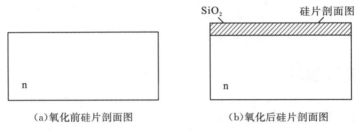

（a）氧化前硅片剖面图   （b）氧化后硅片剖面图

图 4.2　一次氧化剖面图

2）光刻、刻蚀 p 区

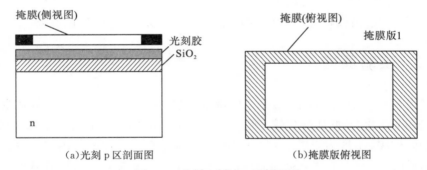

（a）光刻 p 区剖面图   （b）掩膜版俯视图

图 4.3　光刻、刻蚀 p 区剖面图

3）p 区硼预扩散

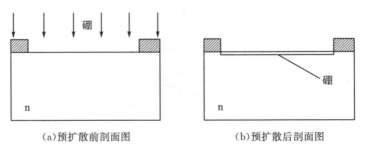

（a）预扩散前剖面图   （b）预扩散后剖面图

图 4.4　p 区硼预扩散剖面图

4）p 区硼再扩散（氧化）

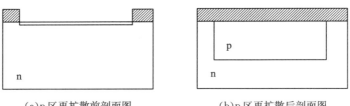

(a)p区再扩散前剖面图　　　　　　　(b)p区再扩散后剖面图

图 4.5　p 区硼再扩散(氧化)剖面图

5)光刻、刻蚀 n⁺ 区

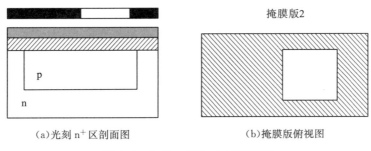

(a)光刻 n⁺ 区剖面图　　　　　　　　(b)掩膜版俯视图

图 4.6　光刻、刻蚀 n⁺ 区剖面图

6)n⁺ 区磷预扩散

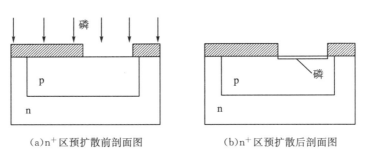

(a)n⁺ 区预扩散前剖面图　　　　　　(b)n⁺ 区预扩散后剖面图

图 4.7　n⁺ 区磷预扩散剖面图

7)n⁺ 区磷再扩散(氧化)

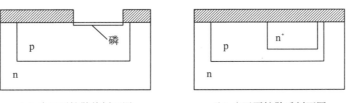

(a)n⁺ 区再扩散前剖面图　　　　　　(b)n⁺ 区再扩散后剖面图

图 4.8　n⁺ 区磷再扩散(氧化)剖面图

8)光刻、刻蚀接触孔

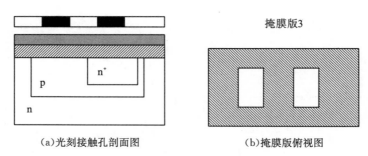

(a)光刻接触孔剖面图   (b)掩膜版俯视图

图 4.9　光刻、刻蚀接触孔剖面图

9)蒸发铝

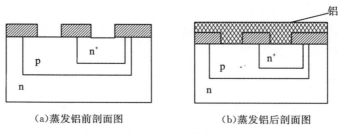

(a)蒸发铝前剖面图   (b)蒸发铝后剖面图

图 4.10　蒸发铝剖面图

10)光刻、刻蚀铝电极

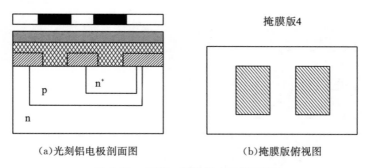

(a)光刻铝电极剖面图   (b)掩膜版俯视图

图 4.11　光刻、刻蚀铝电极剖面图

11)合金化

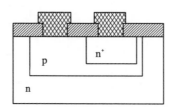

图 4.12　合金化剖面图

12)测试

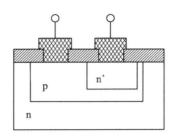

图 4.13　测试剖面图

4.1.3　实验内容

(1)完成二极管的制备。

(2)用显微镜观察器件结构。

(3)测试硅片的 SiO_2 厚度、方块电阻等物理性能参数

(4)使用探针台和晶体管特性图示仪，测试本实验制备的二极管电学性能参数。

4.1.4　实验设备与器材

(1)氧化扩散炉。

(2)涂胶机、光刻机。

(3)清洗台、恒温热板。

(4)金相显微镜。

(5)晶体管测试仪、探针台。

(6)电阻率测试仪、四探针。

(7)恒温水浴、石英烧杯、塑料烧杯、载片花篮、镊子。

(8)光刻胶、显影液、清洗液等。

(9)高纯氧气、高纯氮气。

4.1.5　实验步骤

根据集成二极管的制造工艺流程和设备操作规程，实验步骤如下。

(1)备片。3in n 型<100>，电阻率 3~6Ω·cm。

(2)一次氧化。

工艺条件：$T=1100$℃，$t=40~120$min(干氧＋湿氧＋干氧)，干氧流量 1.0L/min，湿氧流量 0.3~0.5L/min。

工艺要求：SiO_2 厚度 $d_{SiO_2}=300~500$nm。

(3)光刻、刻蚀 p 区。

工艺条件：

①光刻胶：以 AZ6112 为例

②涂胶：转速 3000～4000r/min、厚度 1μm 左右。

③预烘：热板 100℃，60s。

④曝光：3.5～4.0s。

⑤显影：14s。

⑥坚膜：$T=120$℃，$t=30$min

⑦腐蚀：7:1 BOE 氢氟酸缓冲溶液、(40 ± 1)℃、3.0～6.0s

⑧去胶：丙酮浸泡或超声 1～5min。

工艺要求：图形边缘整齐、无脱胶。

(4)p 区硼预扩散。

工艺条件：$T=890～920$℃，$t=10～30$min，氮气流量 0.7L/min。

工艺要求：方块电阻 $R_\square=60～120\Omega/\square$。

(5)p 区硼再扩散(氧化)。

工艺条件：$T=1100$℃，$t=40～120$min(干氧＋湿氧＋干氧)，干氧流量 1.0L/min，湿氧流量 0.3～0.5L/min。

工艺要求：方块电阻 $R_\square=100～300\Omega/\square$，结深 $x_j=1.5～3.5\mu$m，SiO_2厚度 $d_{SiO_2}=300～500$nm。

(6)光刻、刻蚀 n^+ 区。

工艺条件及工艺要求：同(3)。

(7)n^+ 区磷预扩散。

工艺条件：$T=1000$℃，$t=25$min，氮气流量 0.7L/min。

工艺要求：方块电阻 $R_\square=5～10\Omega/\square$。

(8)n^+ 区磷再扩散。

工艺条件：$T=980$℃，$t=40～70$min(干氧＋湿氧＋干氧)，干氧流量 1.0L/min，湿氧流量 0.3～0.5L/min。

(9)光刻、刻蚀接触孔。

工艺条件及工艺要求：同(3)。

(10)蒸发铝。

工艺条件：本底真空$<1\times10^{-3}$Pa，衬底加热温度 100℃，束流 200mA，电压 8kV，速率 1nm/s，蒸发时间 $t=7～10$min。

工艺要求：铝膜光亮、致密，厚度 $d_{Al}=400～600$nm。

(11)光刻、刻蚀铝电极。

光刻工艺条件及工艺要求：同(3)。

刻蚀工艺条件：$H_3PO_4:HNO_3:CH_3COOH:H_2O=16:1:1:2$，常温刻

蚀速率 50nm/min，刻蚀时间 8～12min。

刻蚀工艺要求：边缘整齐、无连铝、无侵蚀。

(12)合金化。

工艺条件：$T = 420℃$，$t = 10～15\ min$，氮气流量 $1.0L/min$

(13)测试。

参数要求：$BV=5.0～10.0V$、$I_{on}=1～10mA$。

4.1.6 实验注意事项

(1)严格按照设备操作规程使用设备，避免因操作失误导致设备故障或损坏。

(2)了解酸碱等化学试剂的使用常识，严格按照安全操作规程配比清洗液、清洗硅片，特别注意人身安全。

(3)实验人员一律穿防护服上岗，保持工作台面及设备器具整洁，注意工艺卫生。

(4)在使用石英器具、掩膜版的过程中，一定要注意轻拿轻放，避免与其他物体擦碰。

4.1.7 思考题

(1)p 区、n 区扩散浓度对器件性能有什么影响？

(2)假如实际测量的二极管伏安特性曲线如图 4.14 所示，请分析是什么原因造成的。

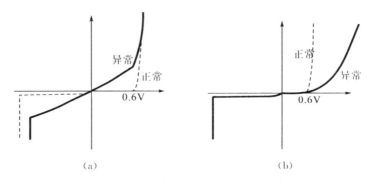

图 4.14 实际测量的二极管伏安特性曲线

4.2 肖特基二极管制造试验

4.2.1 实验目的

(1)熟悉半导体工艺的一般步骤。

(2)掌握肖特基二极管的制造工艺流程及各工艺步骤的操作要求。

(3)牢记相关工艺步骤中温度和时间控制、溶液配比要求。

(4)学会用显微镜进行观察。

(5)学会用探针台、晶体管特性图示仪测试肖特基二极管的电学性能参数。

4.2.2 实验原理

肖特基二极管是通过金属与半导体接触而构成的。金属和 n 型半导体紧密接触后，金属的费米能级低于半导体的费米能级，半导体中的电子流向比它能级低的金属中，当建立起一定宽度的空间电荷区后，电场引起的电子漂移运动和浓度不同引起的电子扩散运动达到相对的平衡，从而在金属与半导体之间形成一个接触势垒，也就是肖特基势垒。图 4.15 为肖特基二极管结构图，金属作为阳极，可选用铝、金、钼、镍、钛等；半导体材料作为负极，可选用 n 型硅或者砷化镓(GaAs)基片。

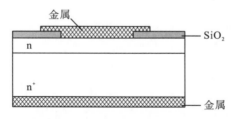

图 4.15 肖特基二极管结构图

肖特基二极管制作的基本工艺流程包括清洗、氧化、蒸发铝、光刻、刻蚀、合金化、测试等。各步骤的工艺原理、实验方法和测试方法参见基础知识和基础实验部分内容。

工艺流程：备片→氧化→光刻、刻蚀氧化层→蒸发镍→光刻、刻蚀铝电极→硅片背面蒸发铝→合金化→测试。

本实验采用 3in n 型硅片外延片。工艺流程剖面图如图 4.16 至图 4.22 所示：

1)氧化

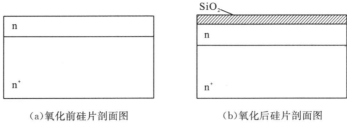

(a)氧化前硅片剖面图　　　　　　　(b)氧化后硅片剖面图

图 4.16　氧化剖面图

2)光刻、刻蚀氧化层

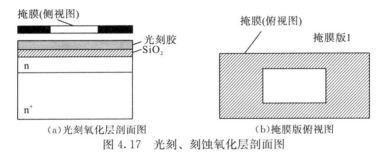

(a)光刻氧化层剖面图　　　　　　　(b)掩膜版俯视图

图 4.17　光刻、刻蚀氧化层剖面图

3)蒸发铝

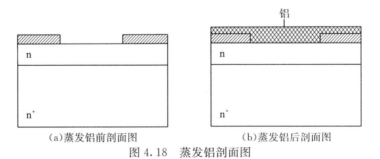

(a)蒸发铝前剖面图　　　　　　　(b)蒸发铝后剖面图

图 4.18　蒸发铝剖面图

4)光刻、刻蚀铝电极

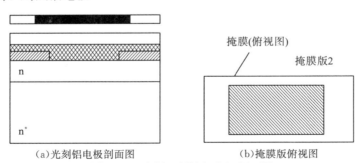

(a)光刻铝电极剖面图　　　　　　　(b)掩膜版俯视图

图 4.19　光刻、刻蚀铝电极剖面图

5)硅片背面蒸发镍

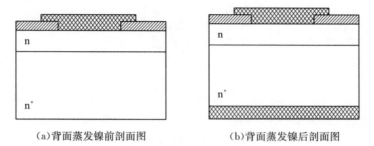

(a)背面蒸发镍前剖面图   (b)背面蒸发镍后剖面图

图 4.20   硅片背面蒸发铝剖面图

6)合金化

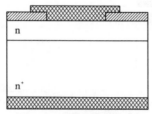

图 4.21   合金化剖面图

7)测试

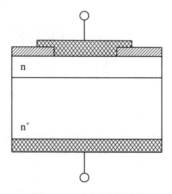

图 4.22   测试剖面图

4.2.3   实验内容

(1)完成肖特基二极管的制备。

(2)测试硅片的 SiO_2 厚度。

(3)利用探针台和晶体管图示仪，对本实验制备的肖特基二极管的电学性能参数进行测试。

4.2.4 实验设备与器材

(1)氧化炉、退火炉。

(2)涂胶机、光刻机。

(3)清洗台、恒温热板。

(4)金相显微镜。

(5)晶体管测试仪、探针台。

(6)恒温水浴、石英烧杯、塑料烧杯、载片花篮、镊子。

(7)光刻胶、显影液、清洗液等。

(8)氧气、氮气。

4.2.5 实验步骤

(1)备片。n 型外延片<100>，电阻率 3~6Ω·cm。

(2)氧化。

工艺条件：$T=1100℃$，$t=40\sim120\min$（干氧＋湿氧＋干氧），干氧流量 1.0L/min，湿氧流量 0.3~0.5L/min。

工艺要求：SiO_2 厚度 $d_{SiO_2}=400\sim600\mathrm{nm}$。

(3)光刻、刻蚀氧化层。

工艺条件：

①光刻胶：以 AZ6112 为例。

②涂胶：转速 3000~4000r/min、厚度 $1\mu\mathrm{m}$ 左右。

③预烘：热板 100℃，60s。

④曝光：3.5~4.0s。

⑤显影：14s。

⑥坚膜：$T=120℃$，$t=30\min$。

⑦腐蚀：7∶1 的 BOE 氢氟酸缓冲溶液、$(40\pm1)℃$、3.0~6.0s。

⑧去胶：丙酮浸泡或超声 1~5min。

工艺要求：图形边缘整齐、无脱胶。

(4)蒸发铝。

工艺条件：本底真空$<1\times10^{-3}\mathrm{Pa}$、衬底加热温度 100℃、束流 200mA、电压 8kV、速率 1nm/s、蒸发时间 $t=7\sim10\min$。

工艺要求：铝膜光亮、致密，厚度 $d_{Al}=400\sim600\mathrm{nm}$。

(5)光刻、刻蚀铝电极。

光刻工艺条件及工艺要求：同(3)。

刻蚀工艺条件：H_3PO_4：HNO_3：CH_3COOH：$H_2O=16:1:1:2$，常温刻蚀速率 50nm/min，刻蚀时间 8～12min。

刻蚀工艺要求：边缘整齐、无连铝、无侵蚀。

(6)硅片背面蒸镍。

工艺条件：本底真空$<1\times10-3Pa$，衬底加热温度 $100℃$，束流 $60\ mA$，电压 $8\ kV$，速率 $0.5\ nm/s$，蒸发时间 t= 3～8 min。

(7)合金化。

工艺条件 $T=420℃$，$t=10～15min$，氮气流量 1.0L/min。

(8)测试。

参数要求：V_{on} 为 0.3～0.6V，BV 大于等于 5V。

4.2.6　实验注意事项

(1)严格按照设备操作规程使用设备，避免因操作失误导致设备故障或损坏。

(2)要预先学习强酸碱等化学试剂的使用常识，严格按照安全操作规程配比清洗液、清洗硅片，特别注意人身安全。

(3)在使用石英器具、掩膜版的过程中，一定要注意轻拿轻放，避免与其他物体擦碰。

4.2.7　思考题

(1)肖特基二极管和普通二极管有什么区别？

(2)请在一张图中分别画出使用铝、镍作金属电极时的 I-V 曲线。

4.3　三极管制造实验

4.3.1　实验目的

(1)熟悉半导体工艺的一般步骤。

(2)掌握双极型晶体管的制造工艺流程及各工艺步骤的操作要求。

(3)牢记相关工艺步骤中温度和时间的控制、溶液配比要求。

(4)学会用显微镜进行观察。

(5)学会用探针台、晶体管特性图示仪测试三极管的电学性能参数。

4.3.2 实验原理

三极管又叫双极结型晶体管，是由两个方向相反的 pn 结构成的三端器件，共用的一个电极成为三极管的基极（用字母 B 表示），其他的两个电极成为三极管的集电极（用字母 C 表示）和发射极（用字母 E 表示）。由于不同的组合方式，晶体管可以分为 npn 型晶体管与 pnp 型晶体管两种类型。如图 4.23 所示，三个区域分别称为发射区、基区、集电区。

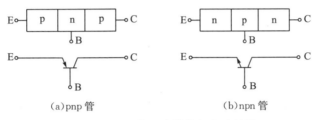

（a）pnp 管　　　　　　　　（b）npn 管

图 4.23　BJT 的基本结构与电路符号

早期的双极结型晶体管由锗合金制成，大部分是 pnp 型的，这种晶体管的基区杂质是均匀分布的。从 20 世纪 60 年代开始人们通过氧化、光刻、扩散等工艺制作硅平面晶体管。硅平面晶体管多数是 npn 型的，p 型区是在半导体材料内掺入硼等三价元素形成的，n 型区是在半导体材料内掺入磷等五价元素形成。图 4.24 为三极管的剖面结构图。

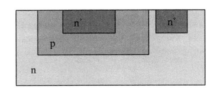

图 4.24　三极管的剖面结构

三极管的基本制作的工艺流程包括清洗、氧化、扩散、光刻、蒸发和刻蚀、测试，各步骤的工艺原理、实验方法和测试方法参见基础知识和基础实验部分。

工艺流程：备片→一次氧化→光刻、刻蚀基区→基区硼预扩散→基区硼再扩散（氧化）→光刻、刻蚀发射区和极电区→发射区和极电区磷预扩散→发射区和极电区磷再扩散（氧化）→光刻、刻蚀接触孔→蒸发铝→光刻、刻蚀铝电极→合金化→测试。

本实验采用 3in n 型硅片，制作流程剖面图如图 4.25 至图 4.36 所示；

1）一次氧化

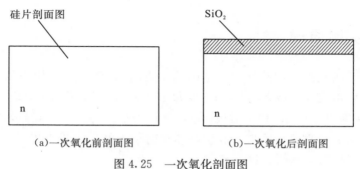

（a）一次氧化前剖面图   （b）一次氧化后剖面图

图 4.25   一次氧化剖面图

2）光刻、刻蚀基区

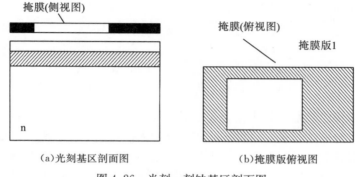

（a）光刻基区剖面图   （b）掩膜版俯视图

图 4.26   光刻、刻蚀基区剖面图

3）基区硼预扩散

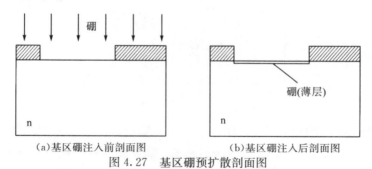

（a）基区硼注入前剖面图   （b）基区硼注入后剖面图

图 4.27   基区硼预扩散剖面图

4）基区硼再扩散（氧化）

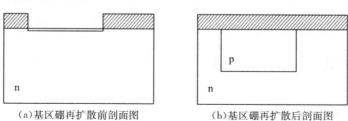

（a）基区硼再扩散前剖面图   （b）基区硼再扩散后剖面图

图 4.28   基区硼再扩散（氧化）剖面图

5)光刻、刻蚀发射区和集电区

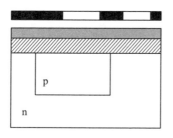

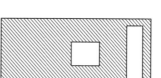

掩膜版2

　　（a）发射区和集电区光刻剖面图　　　　　　　（b）掩膜版俯视图

图 4.29　光刻、刻蚀发射区和集电区剖面图

6)发射区和集电区磷预扩散

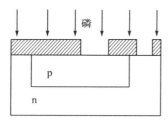

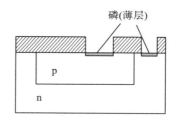

磷（薄层）

　（a）发射区和集电区和磷扩散前剖面图　　　（b）发射区和集电区磷预扩散后剖面图

图 4.30　发射区和集电区磷预扩散剖面图

7)发射区和集电区磷再扩散(氧化)

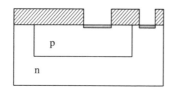

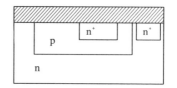

　（a）发射区和集电区磷再扩散前剖面图　　　（b）发射区和集电区磷再扩散后剖面图

图 4.31　发射区和集电区磷再扩散(氧化)剖面图

8)光刻、刻蚀接触孔

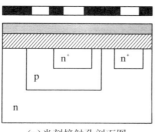

掩膜版3

　　　（a）光刻接触孔剖面图　　　　　　　　　　（b）掩膜版俯视图

图 4.32　光刻、刻蚀接触孔剖面图

9)蒸发铝

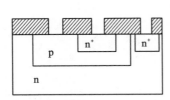 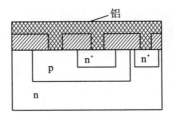

(a)蒸发铝前剖面图　　　　　　　(b)蒸发铝后剖面图

图 4.33　蒸发铝剖面图

10)光刻、刻蚀铝电极

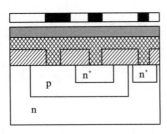 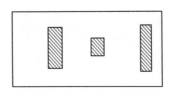

掩膜版4

(a)铝电极光刻剖面图　　　　　　(b)掩膜版俯视图

图 4.34　光刻、刻蚀铝电极剖面图

11)合金化

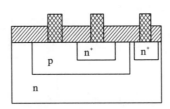

图 4.35　合金化剖面图

12)测试

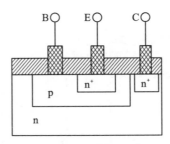

图 4.36　测试剖面图

4.3.3　实验内容

(1)完成三极管的制备。

(2)用显微镜观察三极管结构。

(3)测试硅片的 SiO_2 厚度、结深、方块电阻等物理性能参数

(4)使用探针台和晶体管特性图示仪,测试本实验制备的三极管电学性能参数。

4.3.4　实验设备与器材

(1)氧化扩散炉。

(2)涂胶机、光刻机。

(3)清洗台、恒温热板。

(4)金相显微镜。

(5)晶体管测试仪、探针台。

(6)电阻率测试仪、四探针。

(7)恒温水浴、石英烧杯、塑料烧杯、载片花篮、镊子。

(8)光刻胶、显影液、清洗液等。

(9)高纯氧气、高纯氮气。

4.3.5　实验步骤

本实验以硅 npn 型晶体管为例。根据双极晶体管的制造工艺流程和设备操作规程,具体实验步骤如下:

(1)备片。n 型<100>,电阻率 3~6Ω•cm。

(2)一次氧化。

工艺条件: $T = 1100℃$, $t = 40 \sim 120min$ (干氧＋湿氧＋干氧),干氧流量 1.0L/min,湿氧流量 0.3~0.5L/min。

工艺要求: SiO_2 厚度 $d_{SiO_2} = 400 \sim 600nm$ 。

(3)光刻、刻蚀基区。

工艺条件:

①光刻胶:以 AZ6112 为例。

②涂胶:转速 3000~4000r/min、厚度 1μm 左右。

③前烘:热板 100℃,60s。

④曝光:3.5~4.0s。

⑤显影：14s。

⑥坚膜：$T = 120℃$，$t = 30min$。

⑦腐蚀：7∶1 的 BOE 氢氟酸缓冲溶液，$(40 \pm 1)℃$、$3.0 \sim 6.0s$。

⑧去胶：丙酮浸泡或超声 $1 \sim 5min$。

工艺要求：图形边缘整齐、无脱胶。

(4)基区硼预扩散。

工艺条件：$T = 890 \sim 920℃$，$t = 10 \sim 30min$，氮气流量 0.7L/min。

工艺要求：方块电阻 $R_\square = 60 \sim 120\Omega/\square$。

(5)基区硼再扩散(氧化)。

工艺条件：$T = 1100℃$，$t = 40 \sim 120min$(干氧＋湿氧＋干氧)。干氧流量 1.0L/min，湿氧流量 $0.3 \sim 0.5$L/min。

工艺要求：方块电阻 $R_\square = 100 \sim 300\Omega/\square$，结深 $x_j = 1.5 \sim 3.5\mu m$，SiO_2 厚度 $d_{SiO_2} = 300 \sim 500nm$。

(6)光刻、刻蚀发射区。

工艺条件及工艺要求：同(3)。

(7)发射区磷预扩散。

工艺条件：$T = 1000℃$，$t = 25min$，氮气流量 0.7L/min。

工艺要求：方块电阻 $R_\square = 5 \sim 10\Omega/\square$。

(8)发射区磷再扩散(氧化)。

工艺条件：$T = 1000℃$，$t = 40 \sim 120min$(干氧＋湿氧＋干氧)，干氧流量 1.0L/min，湿氧流量 $0.3 \sim 0.5$L/min。

工艺要求：$H_{fe} = 30 \sim 200$、$BV_{ceo} = 12 \sim 40V$，SiO_2 厚度 $d_{SiO_2} = 200 \sim 400nm$。

(9)光刻、刻蚀接触孔。

工艺条件及工艺要求：同(3)。

(10)蒸发铝。

工艺条件：本底真空 $< 1 \times 10^{-3}Pa$、衬底加热温度 100℃、束流 200mA、电压 8kV、速率 1nm/s、蒸发时间 $t = 7 \sim 10min$。

工艺要求：铝膜光亮、致密，厚度 $d_{Al} = 400 \sim 600nm$。

(11)光刻、刻蚀铝电极。

光刻工艺条件及工艺要求：同(3)。

刻蚀工艺条件：$H_3PO_4 : HNO_3 : CH_3COOH : H_2O = 16 : 1 : 1 : 2$，常温腐蚀速率 50nm/min，腐蚀时间 $8 \sim 12min$。

刻蚀工艺要求：边缘整齐、无连铝、无侵蚀。

(12)合金化。工艺条件：$T = 420℃$，$t = 10 \sim 15\ min$，氮气流量 $1.0\ L/min$。

(13)测试。

参数要求：$H_{fe} = 30 \sim 200$、$BV_{ceo} = 12 \sim 40V$、$BV_{ebo} = 5.0 \sim 9.0V$。

4.3.6　实验注意事项

(1)严格按照设备操作规程使用设备,避免因操作失误导致设备故障或损坏。

(2)了解强酸碱等化学试剂的使用常识,严格按照安全操作规程配比清洗液、清洗硅片,特别注意人身安全。

(3)实验人员一律穿防护服上岗,保持工作台面及设备器具整洁,注意工艺卫生。

(4)在使用石英器具、掩膜版的过程中,一定要注意轻拿轻放,避免与其他物体擦碰。

4.3.7　思考题

(1)pn 结隔离的双极集成电路制造工艺需要几次光刻,每次光刻的目的是什么?

(2)请画出集成 NPN 晶体管的剖面图。

(3)集成双极晶体管中加埋层的好处是什么?

(4)铝作为微电子器件金属布线的优缺点是什么?

4.4　CMOS 管制造实验

4.4.1　实验目的

(1)熟悉半导体工艺的一般步骤。

(2)掌握 CMOS 管的制造工艺流程及各工艺步骤的要求。

(3)牢记相关工艺步骤温度和时间控制、溶液配比要求。

(4)学习 IC 工艺参数的测试,学会用显微镜进行测试观察。

(5)学会用四探针测试硅片的方块电阻。

(6)学会用探针台、晶体管特性图示仪测试 CMOS 器件的电学性能参数。

4.4.2　实验原理

常规 CMOS 电路中包含两种导电类型的 MOS 器件结构,作为负载器件的是 PMOS 管,作为驱动器件的是 NMOS 管。两种 MOS 管的源漏是由相同类型的导电材料构成的，和衬底(阱)的导电类型相反。PMOS 需要 n 型衬底，NMOS 需要 p 型衬底。

　　阱是在硅衬底上通过离子注入或扩散等方式形成与衬底反型的掺杂区域。根据阱的不同又分为 p 阱 CMOS、n 阱 CMOS 和双阱 CMOS。p 阱 CMOS、n 阱 CMOS 都是单阱工艺。单阱工艺是 PMOS(NMOS)置于衬底上，NMOS(PMOS)置于反型的高浓度掺杂区域(阱)。双阱工艺通常是在 n 型或 p 型衬底上外延生长一层厚度及掺杂浓度可精确控制的高纯度硅层(外延层)，在外延层中做双阱(n 阱和 p 阱)，n 阱中做 PMOS 管，p 阱中做 NMOS 管。双阱工艺的工艺流程除了阱的形成这一步要做双阱以外，其余步骤与单阱工艺类似。图 4.37 给出了 p 阱工艺、双阱 COMS 工艺的剖面结构对比示意图。

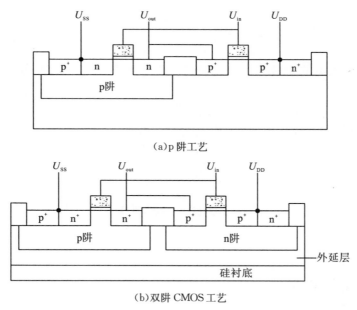

(a)p 阱工艺

(b)双阱 CMOS 工艺

图 4.37　p 阱工艺与双阱 CMOS 工艺的剖面结构对比图

　　CMOS 集成电路的制造工艺包括氧化层生长、掺杂(热扩散或离子注入)、光刻、沉积(蒸发)和刻蚀、测试等。工艺原理、实验方法、测试方法参见基础知识和基础实验部分。

　　在 CMOS 的生产中可以选用 n 型硅片，也可以选择 p 型硅片作为衬底。衬底不同，制造工艺稍有差别，但是原理相同。本实验以 p 阱 CMOS 工艺为例进行介绍。

　　铝栅 p 阱 CMOS 工艺流程：

　　备片→氧化→光刻、刻蚀 p 阱→p 阱硼预扩散→p 阱硼再扩散(氧化)→光刻、刻蚀 PMOS 管源漏区→PMOS 管源漏区硼预扩散→PMOS 管源漏区硼再扩散(氧化)→光刻、刻蚀 NMOS 管源漏区→NMOS 管源漏区磷预扩散→NMOS 管源漏区磷再扩散→光刻、刻蚀栅孔→栅氧化→光刻、刻蚀接触孔→蒸发铝→光刻、刻蚀铝电极→合金化→测试。

本实验采用 3in n 型硅片，工艺流程剖面图如图 4.38 至图 4.54 所示。

1)氧化

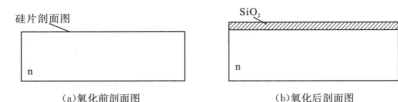

　　(a)氧化前剖面图　　　　　　　　　　(b)氧化后剖面图

图 4.38　氧化剖面图

2)光刻、刻蚀 p 阱

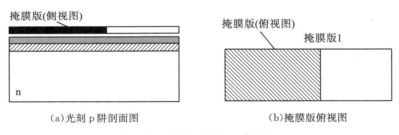

　　(a)光刻 p 阱剖面图　　　　　　　　　(b)掩膜版俯视图

图 4.39　光刻、刻蚀 p 阱剖面图

3)p 阱硼预扩散

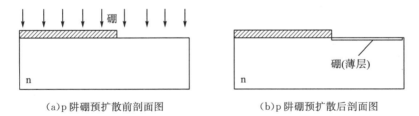

　　(a)p 阱硼预扩散前剖面图　　　　　　(b)p 阱硼预扩散后剖面图

图 4.40　p 阱硼预扩散剖面图

4)p 阱硼再扩散（氧化）

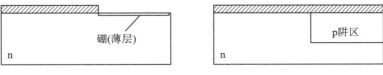

　　(a)p 区硼再扩散前剖面图　　　　　　(b)p 区硼再扩散后剖面图

图 4.41　p 阱硼再扩散（氧化）剖面图

5)光刻、刻蚀 PMOS 管源漏区

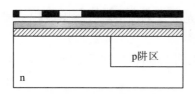
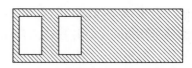

(a)PMOS 管源漏光刻剖面图　　　　　　　　　(b)掩膜版俯视图

图 4.42　光刻、刻蚀 PMOS 管漏区剖面图

6)PMOS 管源漏区硼预扩散

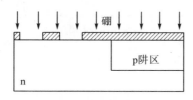
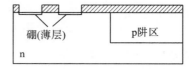

(a)PMOS 管源漏硼预扩散前剖面图　　　　　(b)PMOS 管源漏硼预扩散后剖面图

图 4.43　PMOS 管漏区硼预扩散

7)PMOS 管源漏区硼再扩散(氧化)

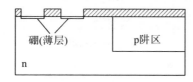
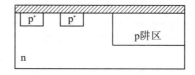

(a)PMOS 管源漏硼再扩散前剖面图　　　　　(b)PMOS 管源漏硼再扩散后剖面图

图 4.44　PMOS 管漏区硼再扩散(氧化)剖面图

8)光刻、刻蚀 NMOS 管源漏区

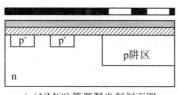
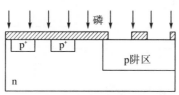

(a)NMOS 管源漏光刻剖面图　　　　　　　　(b)掩膜版俯视图

图 4.45　光刻、刻蚀 NMOS 管漏区剖面图

9)NMOS 管源漏区磷预扩散

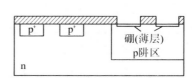

(a)NMOS 管源漏预扩散前剖面图　　　　　　(b)NMOS 管源漏预扩散后剖面图

图 4.46　NMOS 管漏区磷预扩散剖面图

10) NMOS 管源漏区磷再扩散（氧化）

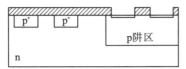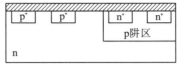

(a) NMOS 管源漏磷再扩散前剖面图　　　　　(b) NMOS 管源漏磷再扩散后剖面图

图 4.47　NMOS 管漏区磷再扩散剖面图

11) 光刻、刻蚀栅孔

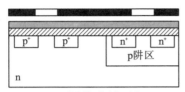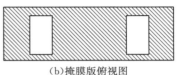

掩膜版 3

(a) 光刻栅孔剖面图　　　　　　　　(b) 掩膜版俯视图

图 4.48　光刻、刻蚀栅孔剖面图

12) 栅氧化

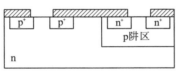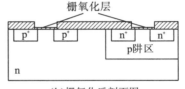

栅氧化层

(a) 栅氧化前剖面图　　　　　　　　(b) 栅氧化后剖面图

图 4.49　栅氧化剖面图

13) 光刻、刻蚀接触孔

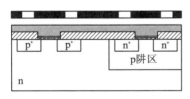

掩膜版 5

(a) 光刻接触孔剖面图　　　　　　　(b) 掩膜版俯视图

图 4.50　光刻、刻蚀接触孔剖面图

14) 蒸发铝

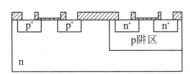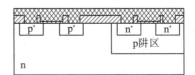

(a) 蒸发铝前剖面图　　　　　　　　(b) 蒸发铝后剖面图

图 4.51　蒸发铝剖面图

15)光刻、刻蚀铝电极

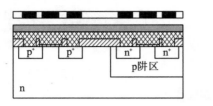

(a)光刻铝电极剖面图   (b)掩膜版俯视图

图 4.52　光刻、刻蚀铝电极剖面图

16)合金化

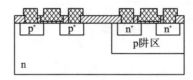

图 4.53　合金化剖面图

17)测试

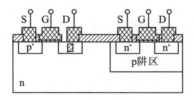

图 4.54　测试剖面图

4.4.3　实验内容

(1)完成铝栅 CMOS 管的制备。

(2)用显微镜观察 CMOS 管结构。

(3)测试硅片的 SiO_2 厚度、结深、方块电阻等物理性能参数。

(4)使用探针台和晶体管特性图示仪,测试本实验制备的 CMOS 管电学性能参数。

4.4.4　实验设备与器材

(1)氧化扩散炉。

(2)涂胶机、光刻机。

(3)清洗台、恒温热板。

（4）金相显微镜。

（5）晶体管测试仪、探针台。

（6）电阻率测试仪、四探针。

（7）恒温水浴、石英烧杯、塑料烧杯、载片花篮、镊子。

（8）光刻胶、显影液、清洗液等。

（9）高纯氧气、高纯氮气。

4.4.5　实验步骤

制作铝栅 CMOS 集成电路芯片的实验步骤如下：

(1)备片。n 型<100>硅片、电阻率 3～6Ω·cm。

(2)氧化。

工艺条件：$T = 1100℃$，$t = 40 \sim 120min$（干氧＋湿氧＋干氧），干氧流量 1.0L/min，湿氧流量 0.3～0.5L/min。

工艺要求：SiO_2 厚度 $d_{SiO_2} = 400 \sim 600nm$。

(3)光刻、刻蚀 p 阱区。

工艺条件：

①光刻胶：以 AZ6112 正性光刻胶为例。

②涂胶：转速 2000～4000r/min、厚度 1μm 左右。

③软烘：热板 100℃，60s，曝光：3.5～4.0s。

④显影：正胶显影液（TAMH），14s。

⑤坚膜：$T = 120℃$，$t = 30min$。

⑥腐蚀：7∶1 的 BOE 氢氟酸缓冲溶液，(40±1)℃、3.0～6.0s。

⑦去胶：丙酮浸泡或超声 2～5min。

⑧工艺要求：图形边缘整齐、无脱胶。

(4)p 阱硼预扩散。

工艺条件：注入剂量 2.0E13，注入能量 80KeV。

工艺要求：$R_{\square} = 1500Ω/\square$。

(5)p 阱硼再扩散（氧化）。

工艺条件：1200℃ 干氧氧化，流量 1L/min，时间 5h。

工艺要求：$R_{\square} = 2500Ω/\square$，$x_j = 4.0/\mu m$，$SiO_2$ 厚度 $d_{SiO_2} = 300nm \sim 500nm$。

(6)光刻、刻蚀 PMOS 管源漏区。

工艺条件及工艺要求：同(3)。

(7)PMOS 管源漏区硼预扩散。

工艺条件：$T = 980℃$，$t = 20 \sim 30min$，氮气流量 0.7L/min。

工艺要求：方块电阻 $R_{\square} = 10 \sim 40Ω/\square$。

(8)PMOS管源漏区硼再扩散(氧化)。

工艺条件：$T=1000℃$，$t=40\sim120min$(干氧＋湿氧＋干氧)，干氧流量1.0L/min，湿氧流量 0.3～0.5L/min。

工艺要求：SiO_2厚度 $d_{SiO_2}=300\sim500nm$。

(9)光刻 NMOS 管源漏区、刻蚀。

工艺条件及工艺要求同(3)。

(10)NMOS 管源漏区磷预扩散。

工艺条件：$T=1000℃$，$t=25min$，氮气流量 0.7L/min。

工艺要求：方块电阻 $R_{□}=5\sim10Ω/□$。

(11)NMOS 管源漏区磷再扩散(氧化)。

工艺条件：$T=1000℃$，$t=40\sim120min$(干氧＋湿氧＋干氧)，干氧流量1.0L/min，湿氧流量 0.3～0.5L/min。

工艺要求：SiO_2 厚度 $d_{SiO_2}=200\sim400nm$。

(12)光刻、刻蚀栅孔。

工艺条件及工艺要求：同(3)。

(13)栅氧化。

工艺条件：$T=950\sim1000℃$，$t=40\sim90min$(干氧)，干氧流量 1.0L/min。

工艺要求：SiO_2厚度 $d_{SiO_2}=40\sim80nm$。

(14)光刻、刻蚀接触孔。

工艺条件及工艺要求：同(3)。

(15)蒸发铝。

工艺条件：本底真空$<1×10^{-3}Pa$，衬底加热温度 100℃，束流 200mA，电压 8kV，速率 1nm/s，蒸发时间 $t=7\sim10min$。

工艺要求：铝膜光亮、致密，厚度 $d_{Al}=400\sim600nm$。

(16)光刻、刻蚀铝电极。

光刻工艺条件及工艺要求：同(3)。

刻蚀工艺条件：$H_3PO_4：HNO_3：CH_3COOH：H_2O=16：1：1：2$，常温刻蚀速率：50nm/min，刻蚀时间 8～12min。

刻蚀工艺要求：边缘整齐、无连铝、无侵蚀。

(17)合金化。

工艺条件：$T=420℃$，$t=10\sim15\ min$，氮气流量 $1.0\ L/min$。

(18)测试。

参数要求：$V_{tp}=-0.5\sim-1.5V$，$V_{tn}=0.5\sim1.8V$，$BV_{ds}\geq10V$。

4.4.6　实验注意事项

(1)严格按照设备操作规程使用设备，避免因操作失误导致设备故障或损坏。

(2)了解强酸碱等化学试剂的使用常识,严格按照安全操作规程配比清洗液、清洗硅片,特别注意人身安全。

(3)实验人员一律穿防护服上岗,保持工作台面及设备器具整洁,注意工艺卫生。

(4)在使用石英器具、掩膜版的过程中,一定要注意轻拿轻放,避免与其他物体擦碰。

4.4.7 思考题

(1)单阱 CMOS 工艺和双阱 CMOS 工艺有什么区别?

(2)阱的硼掺杂工艺是否可以采用离子注入的方法?如果可以有什么好处?

(3)双阱 CMOS 电路需要做几次光刻,每次光刻的目的是什么?

(4)本实验介绍了铝栅 CMOS 工艺流程,硅栅 CMOS 工艺有什么优点?

4.5 集成电阻器制造实验

电阻器广泛应用于集成电路中,在启动电路、分压电路、采样电路、限流电路、电阻负载差分放大器、RC 滤波器、放大器环路补偿等电路中,均离不开电阻器。

用于集成电路中的电阻器均制造成集成电阻器,它主要分为扩散电阻和薄膜电阻两大类。扩散电阻又分为 n 阱电阻、p 阱电阻、基区硼扩散电阻、发散区磷扩散电阻、基区沟道电阻和注入电阻。薄膜电阻又分为多晶薄膜电阻和金属合金薄膜电阻(如 Ni-Cr 或 Cr-Si 薄膜电阻)。

各种集成电阻器的方块电阻值、精度、温度、电压等参数指标各不相同,各有优缺点。设计者要根据具体电路要求,综合考虑电阻参数及其占用的版图面积,合理选取相应种类的电阻。

本实验主要介绍基区硼扩散电阻器的制作。

4.5.1 实验目的

(1)熟悉半导体工艺的一般步骤。

(2)掌握集成电阻器的制造工艺流程及各工艺步骤的操作要求。

(3)牢记相关工艺步骤中温度和时间的控制、溶液配比要求。

(4)学会用显微镜进行观察。

（5）学会用探针台、晶体管特性图示仪测试电阻器的电学性能参数。

4.5.2　实验原理

扩散电阻是通过采用硼扩散技术和离子注入技术在硅表面掺杂，并形成与衬底导电类型相反的有图形规则的导电层。

以基区硼扩散电阻为例，设硼扩散层的长为 L，宽为 W，则该导电层电阻 R 为

$$R = \frac{L}{W} R_{\square}$$

其中，

$$R_{\square} = \frac{1}{q \mu_p \int_0^{xj} N_e(x) \mathrm{d}x}$$

$R_{\square}$ 为硼扩散层的方块电阻，单位为 $\Omega/\square$；q 为电子电荷；μ_p 为空穴迁移率；xj 为硼扩散结深；$N_e(x)$ 为硼扩散层垂直硅片表面到内部的掺杂浓度分布函数。

从方块电阻公式可知，掺杂重量越多，越小，的大小反应了掺杂层的导电能力，反映了电阻值大小。

集成电阻器一般是三端器件，高电压位端和低电压位端是电阻器的工作端，第三端是衬底电位端。为了保证扩散电阻能够正常工作，衬底电位端接高电位或低电位，始终是电阻 pn 结反向偏置。硼扩散电阻器及结构如图如 4.55 所示。

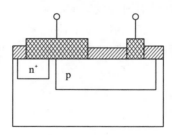

图 4.55　电阻器的基本结构

电阻器制作的工艺流程包括清洗、氧化、扩散、光刻、蒸发和合金化、测试。各步骤的工艺原理、实验方法和测试方法参见基础知识和基础实验。

工艺流程：备片→氧化→光刻、刻蚀 p 区→p 区硼预扩散→p 区硼再扩散（氧化）→光刻、刻蚀 n⁺ 区→n⁺ 区磷扩散→n⁺ 区磷再扩散（氧化）→光刻、刻蚀接触孔→蒸发铝→光刻、刻蚀铝电极→合金化→测试。

本实验采用 3in n 型硅片，制作流程剖面图如图 4.56 至图 4.67 所示。

1）氧化

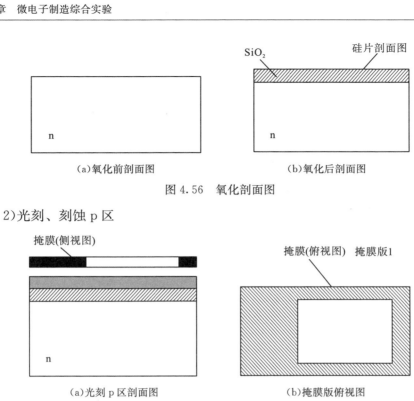

(a)氧化前剖面图　　　　　　　　　　　　　(b)氧化后剖面图

图 4.56　氧化剖面图

2)光刻、刻蚀 p 区

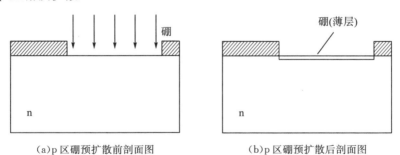

(a)光刻 p 区剖面图　　　　　　　　　　　(b)掩膜版俯视图

图 4.57　光刻、刻蚀 p 区剖面图

3)p 区硼预扩散

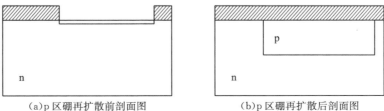

(a)p 区硼预扩散前剖面图　　　　　　　　　(b)p 区硼预扩散后剖面图

图 4.58　p 区硼预扩散剖面图

4)p 区硼再扩散(氧化)

(a)p 区硼再扩散前剖面图　　　　　　　　　(b)p 区硼再扩散后剖面图

图 4.59　p 区硼再扩散(氧化)剖面图

5)光刻、刻蚀 n$^+$ 区

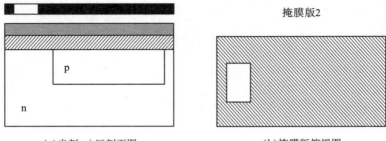

(a)光刻 n$^+$ 区剖面图   (b)掩膜版俯视图

图 4.60　光刻、刻蚀 n$^+$ 区剖面图

6)n$^+$ 区磷预扩散

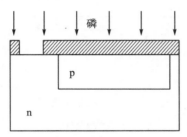

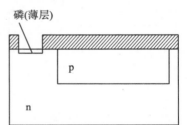

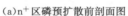

(a)n$^+$ 区磷预扩散前剖面图   (b)n$^+$ 区磷预扩散后剖面图

图 4.61　n$^+$ 磷预扩散剖面图

7)n$^+$ 区磷再扩散（氧化）

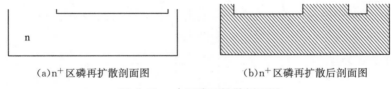

(a)n$^+$ 区磷再扩散剖面图   (b)n$^+$ 区磷再扩散后剖面图

图 4.62　n$^+$ 区磷面扩散剖面图

8)光刻、刻蚀接触孔

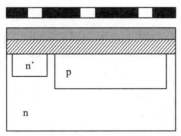

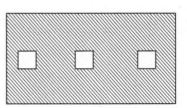

(a)光刻、刻蚀接触孔剖面图   (b)掩膜版俯视图

图 4.63　光刻、接触孔剖面图

9)蒸发铝

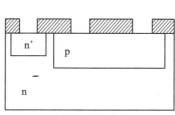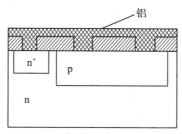

(a)蒸发铝前剖面图　　　　　　　　　　　(b)蒸发铝后剖面图

图 4.64　蒸发铝剖面图

10)光刻、刻蚀铝电极

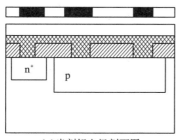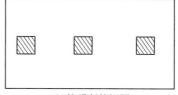

(a)光刻铝电极剖面图　　　　　　　　　(b)掩膜版俯视图

图 4.65　光刻、刻蚀铝电极剖面图

11)合金化

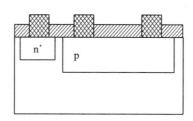

图 4.66　合金化剖面图

12)测试

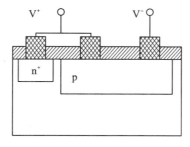

图 4.67　测试剖面图

4.5.3　实验内容

(1)完成电阻器的制备。

(2)用显微镜观察电阻器结构。

(3)测试硅片的 SiO_2 厚度、结深、方块电阻等物理性能参数

(4)使用探针台和晶体管特性图示仪,测试本实验制备的电阻器电学性能参数。

4.5.4　实验设备与器材

(1)氧化扩散炉。

(2)涂胶机、光刻机。

(3)清洗台、恒温热板。

(4)金相显微镜。

(5)晶体管测试仪、探针台。

(6)电阻率测试仪、四探针。

(7)恒温水浴、石英烧杯、塑料烧杯、载片花篮、镊子。

(8)光刻胶、显影液、清洗液等。

(9)高纯氧气、高纯氮气。

4.5.5　实验步骤

(1)备片。n 型<100>,电阻率 3～6Ω·cm。

(2)一次氧化。

工艺条件:$T=1100℃$, $t=40～120min$(干氧+湿氧+干氧),干氧流量1.0L/min,湿氧流量 0.3～0.5L/min。

工艺要求:SiO_2 厚度 $d_{SiO_2}=400～600nm$。

(3)光刻、刻蚀氧化层。

工艺条件:

①光刻胶:以 AZ6112 为例。

②涂胶:转速 3000～4000r/min、厚度 $1\mu m$ 左右。

③前烘:热板 100℃,60s。

④曝光:3.5～4.0s。

⑤显影:14s。

⑥坚膜:$T=120℃$、$t=30min$。

⑦腐蚀：7∶1 的 BOE 氢氟酸缓冲溶液，(40 ± 1)℃，$3.0\sim6.0$s。

⑧去胶：丙酮浸泡或超声 $1\sim5$min。

工艺要求：图形边缘整齐、无脱胶。

(4) p 区硼预扩散。

工艺条件：$T=890\sim920$℃，$t=10\sim30$min，氮气流量 0.7L/min。

工艺要求：方块电阻 $R_\square=60\sim120\Omega/\square$。

(5) p 区硼再扩散(氧化)。

工艺条件：$T=1100$℃，$t=40\sim120$min(干氧＋湿氧＋干氧)，干氧流量 1.0L/min，湿氧流量 $0.3\sim0.5$L/min。

工艺要求：方块电阻 $R_\square=100\sim300\Omega/\square$，结深 $x_j=1.5\sim3.5\mu$m，SiO_2 厚度 $d_{SiO_2}=300\sim500$nm。

(6) 光刻、刻蚀 n^+ 区。

工艺条件及工艺要求：同(3)。

(7) n^+ 区磷预扩散。

工艺条件：$T=1000$℃，$t=25$min，氮气流量 0.7L/min。

工艺要求：方块电阻 $R_\square=5\sim10\Omega/\square$。

(8) n^+ 区磷再扩散(氧化)。

工艺条件：$T=1000$℃，$t=40\sim120$min(干氧＋湿氧＋干氧)，干氧流量 1.0L/min，湿氧流量 $0.3\sim0.5$L/min。

工艺要求：SiO_2 厚度 $d_{SiO_2}=200\sim400$nm。

(9) 光刻、刻蚀接触孔。

工艺条件及工艺要求：同(3)。

(10) 蒸发铝。

工艺条件：本底真空 $<1\times10^{-3}$Pa，衬底加热温度 100℃，束流 200mA，电压 8kV，速率 1nm/s，蒸发时间 $t=7\sim10$min。

工艺要求：铝膜光亮、致密，厚度 $d_{Al}=400\sim600$nm。

(11) 光刻、刻蚀铝电极。

光刻工艺条件及工艺要求：同(3)。

刻蚀工艺条件：$H_3PO_4∶HNO_3∶CH_3COOH∶H_2O=16∶1∶1∶2$，常温刻蚀速率 50nm/min，刻蚀时间 $8\sim12$min。

刻蚀工艺要求：边缘整齐、无连铝、无侵蚀。

(12) 合金化。

工艺条件：$T=420$℃，$t=10\sim15$min 氮气流量 1.0L/min。

(13) 测试。

参数要求：电阻值 1kΩ$-$10kΩ。

4.5.6　实验注意事项

(1)严格按照设备操作规程使用设备，避免因操作失误导致设备故障或损坏。

(2)了解强酸碱等化学试剂的使用常识，严格按照安全操作规程配比清洗液、清洗硅片，特别注意人身安全。

(3)实验人员一律穿防护服上岗，保持工作台面及设备器具整洁，注意工艺卫生。

(4)在使用石英器具、掩膜版的过程中，一定要注意轻拿轻放，避免与其他物体擦碰。

4.5.7　思考题

(1)扩散时间的长短对电阻有什么影响？

(2)请分析图 4.68 中 *I-V* 曲线测试值偏离理论值的原因。

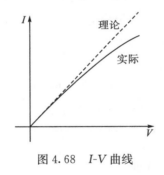

图 4.68　*I-V* 曲线

4.6　集成运算放大器参数测试实验

4.6.1　实验目的

运算放大器是一种直接耦合的高增益放大器，在外接不同的反馈网络后，就可具有不同的运算功能。运算放大器除了可对输入信号进行加、减、乘、除、微分等数学运算外，还在自动控制、测量技术、仪器仪表等各个领域得到了广泛应用。

为了更好地使用运算放大器，必须对它的各个参数有一个较全面的了解。运算放大器的结构十分复杂，参数很多，而且各个参数的测试方法各异，需要分别进行测量。

本实验正是基于以上的技术应用背景和相关课程及其特点而设置，目的在于：

(1)了解集成电路测试中常用仪器仪表如示波器、万用表等的使用方法及注意事项。

(2)了解集成运算放大器的基本特性。

(3)学习集成运算放大器主要参数的测试原理，掌握这些主要参数的测试方法。

通过本实验，使学生了解运算放大器的结构和测试的方法，加深感性认识，增强学生的实验与综合分析能力，进而为今后从事科研、开发工作打下良好基础。

4.6.2　实验原理

集成运算放大器是一种被广泛使用的线性集成电路器件，和其他电子器件一样，其特性是通过性能参数来表示的。集成电路生产厂家为描述其生产的集成电路器件的特性，通过大量的测试，为各种型号的集成电路器件制定了性能指标。符合指标的就是合格产品，否则就是不合格产品。要能够正确使用集成电路器件，就必须了解集成电路器件各项参数的含义及数值范围。集成电路器件的性能指标可以从产品说明书或器件手册中查到，因此，我们必须学会看产品说明书和查阅器件手册。集成运算放大器是模拟电路中发展最快、通用性最强的一类集成电路。集成运算放大器的内部电路较复杂，通常把它近似成理想放大器，但只要掌握其基本特性，便能分析和设计一般的应用电路。但是，只有对集成运放的内部结构和主要技术参数有了较深入的了解，才能选用合适的运放，设计出更简练和巧妙的实用电路。

理想集成运放具有以下特性：开环增益无限大，输入阻抗无限大，输出阻抗为零，带宽无限，失调及其温漂为零，共模抑制比为无穷大，转换速率为无穷大。

当然，实际运放只能在一定程度上接近上述指标。

运算放大器的性能参数可以使用专用的测试仪器(如运算放大器性能参数测试仪)进行测试，也可以根据参数的定义，采用一些简易的方法进行测试。本实验是学习使用常规仪表，对运算放大器的一些重要参数进行简易测试的方法。

运算放大器的符号如图 4.69 所示，它有两个输入端：一个是反相输入端，用"－"表示；另一个是同相输入端，用"＋"表示。可以是单端输入，也可是双端输入。若把输入信号接在"－"输入端，而"＋"端接地，或通过电阻接地，则输出信号与输入信号反相，反之则同相。若两个输入端同时输入信号电压

为 V_- 和 V_+ 时，其差动输入信号为 $V_{ID}=V_- -V_+$。开环输出电压为 $V_O=A_{VO}V_{ID}$，式中，A_{VO} 为开环电压放大倍数。

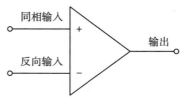

图 4.69　运算放大器符号

在实际应用中，为了改善电路的性能，在运算放大器的输入端和输出端之间总是接有不同的反馈网络，并且这种反馈网络一般是接在输出端和反相输入端之间。

本实验的重点在于根据实验要求，对开环电压增益、输入失调电压、输入失调电流、共模抑制比、电压转换速率、脉冲响应时间等主要运放参数进行测量。

4.6.3　实验内容

为了更全面地了解运算放大器的特性，本实验对运算放大器的直流、交流及瞬态等方面的特性进行测试。例如，运放的开环电压增益、共模抑制比等参数是对运放的交流特性的描述；转换速率、建立时间是对运放的瞬态特性的描述。因此，本实验测试以下几个参数，以达到对运算放大器更全面的认识。

(1)开环电压增益。

(2)输入失调电压。

(3)输入失调电流。

(4)共模抑制比。

(5)电压转换速率。

(6)脉冲响应时间。

4.6.4　实验设备与器材

(1)直流稳压电源一台。

(2)数字双踪示波器一台。

(3)信号发生器一台。

(4)实验测试板及连接线一套。

(5)常见通用运算放大器 IC 样品一块。

4.6.5　实验步骤

1. 测试前准备

首先熟悉数字双踪示波器和信号源的使用方法，根据实验的要求搭建各参数的测试电路。注意所选电阻、电容的值，不能确定时要用万用表测量；在测试板上连接测试电路时应注意各运放集成块中各引脚的功能，以免连接错误。

2. 主要参数测试

1) 开环电压增益

集成运放在没有外部反馈时的直流差模放大倍数称为开环电压增益，用 A_{VO} 表示。它定义为开环输出电压 V_O 与两个差分输入端之间所加差模输入信号 V_{ID} 之比。

由于开环电压增益 A_{VO} 很大，输入信号 V_I 很小，加之输入电压与输出电压之间有相位差，从而引入了较大的测试误差，在实际测试中难以实现。测试开环电压增益时，一般采用交流开环、直流闭环的方法。测试原理如图 4.70 所示。

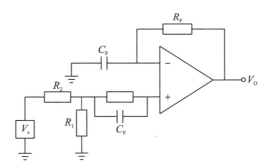

图 4.70　开环直流电压增益测试原理图

直流通过 R_F 实现全反馈，放大器的直流增益很小，故输入直流电平十分稳定，不需进行零点调节。取 C_F 足够大，以满足 $R_F \gg 1/\omega C_F$，将放大器的反相端交流接地，以达到交流开环的目的。这样只要测得交流信号电压 V_S 和 V_O，就能得到

$$A_{VO} = \frac{V_O}{V_I} = \frac{V_O}{R_1/(R_1+R_2)V_S} = \frac{R_1+R_2}{R_1} \cdot \frac{V_O}{V_S} \tag{4.1}$$

在信号频率固定不变的情况下，增大输入信号的电压幅度，使输出端获得最大无失真波形。保持输入电压不变，增大输入电压的频率，当输出电压的幅值降到低频率值的 0.707 倍时所对应的频率称为开环带宽。

实验中用到的参数如表 4.1 所示。

表 4.1   开环增益测试数据列表

V_S	V_o	C_F	R_F	R_1	R_2
20mv	6V	100μF	1MΩ	1kΩ	100kΩ

2)输入失调电压 U_{IO}

运放电路参数的不对称，使得两个输入端都接地时，输出电压不为零，这种现象称为放大器的失调。为了使输出电压回到零，就必须在输入端加上一个纠偏电压来补偿这种失调，所加的这个纠偏电压就称为运算放大器的输入失调电压，用 U_{IO} 表示，故 U_{IO} 的定义为使输出电压为零时在两输入端之间需加有的直流补偿电压。

输入失调电压的测量原理如图 4.71 所示。图中直流电路通过 R_{I1}、R_{I2}（其中 $R_{I1} = R_{I2}$）和 R_F 接成闭合环路，通常 R_{I1}、R_{I2} 的取值不超过 100Ω，$R_F \gg R_{I1}$、R_{I2}。

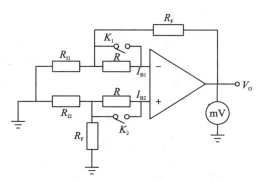

图 4.71   输入失调电压和失调电流测试原理图

测试步骤为：闭合开关 K_1 及 K_2，使电阻 R 短接，测出此时的输出电压 U_{O1} 即为输出失调电压，则输入失调电压为

$$U_{IO} = \frac{R_{I1}}{R_{I1} + R_F} U_{O1} \tag{4.2}$$

实际测出的 U_{O1} 可能为正，也可能为负，高质量的运算放大器 U_{IO} 一般在 1mV 以下。

3)输入失调电流 I_{IO}

输入失调电流是指当输入信号为零时，运放两个输入端的基极偏置电流之差，即

$$I_{IO} = |I_{B1} - I_{B2}| \tag{4.3}$$

输入失调电流的大小反映了运放内部差动输入级两个晶体管的失配度，由于差动输入级两个晶体管本身的电流数值已很小（微安级），所以它们的差值通常不是直接测量的，输入失调电流的测试电路如图 4.68 所示，测试分两步进行：

第一步：闭合开关 K_1 及 K_2，将两个 R 短路。在低输入电阻下，测出输出

电压 U_{O1}，如前所述，这是输入失调电压 U_{IO} 所引起的输出电压。

第二步：断开 K_1 及 K_2，将输入电阻 R 接入两个输入端的输入电路中，由于 R 阻值较大，流经它们的输入电流的差异将变成输入电压的差异，所以也会影响输出电压的大小。因此，测出两个电阻 R 接入时的输出电压 U_{O2}，从中扣除输入失调电压 U_{IO} 的影响（即 U_{O1}），则输入失调电流 I_{IO} 为

$$I_{IO} = |I_{B1} - I_{B2}| = |U_{O1} - U_{O2}| \times \frac{R_{I1}}{R_{I1} + R_F} \times \frac{1}{R} \tag{4.4}$$

在测试过程中应注意：两输入端电阻 R 必须精确配对。

实验中用到的参数如表 4.2 所示。

表 4.2　输入失调电流动测试数据列表

U_{IO}/V	I_{IO}/A	R_F/kΩ	R_B/kΩ	R_{I1}、R_{I1}/Ω
		5.1	2	51

4）共模抑制比 K_{CMR}

集成运放的差模电压放大倍数 A_{od} 与共模电压放大倍数 A_{oc} 之比称为共模抑制比，记为 K_{CMR}（或 CMRR）：

$$K_{CMR} = \frac{A_{od}}{A_{oc}} \quad 或 \quad K_{CMR} = 20\lg\left|\frac{A_{od}}{A_{oc}}\right| \text{（dB）} \tag{4.5}$$

式中，A_{od} 为差模电压放大倍数；A_{oc} 为共模电压放大倍数。

共模信号是指作用在运算放大器两个输入端上幅值、相位都相等的输入信号，是一种无用的信号（常因电路结构、干扰和温漂造成）。理想运算放大器的输入级是完全对称的，其共模电压放大倍数为零，所以当只输入共模信号时，理想运放的输出信号为零；当输入信号中包含差模信号与共模信号两种成分时，理想运放输出信号中的共模成分为零。但在实际的集成运算放大器中，因为电路结构不可能完全对称，所以其共模电压放大倍数不可能为零，当输入信号中含有共模信号时，其输出信号中必然含有共模信号的成分。输出端共模信号越小，说明电路对称性越好，也就是说运放对共模干扰信号的抑制能力越强。人们用共模抑制比 K_{CMR} 来衡量集成运算放大器对共模信号的抑制能力，K_{CMR} 越大，对共模信号的抑制能力越强，抗共模干扰的能力也越强。K_{CMR} 的测试电路如图 4.72 所示。为了便于测试，采用闭环方式。

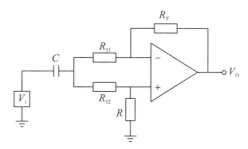

图 4.72　共模抑制比测试原理图

集成运放工作在闭环状态下的差模电压放大倍数，根据使用的电阻值，用下面公式计算：

$$A_d = -\frac{R_F}{R_{I1}} \tag{4.6}$$

根据图 4.69 的电路可测得共模输入信号 U_{ic} 和共模输出信号 U_{oc}，根据测得的 U_{ic}、U_{oc} 值，用下式计算出共模电压放大倍数：

$$A_c = \frac{U_{oc}}{U_{ic}} \tag{4.7}$$

由 A_d 和 A_c 计算得共模抑制比为

$$K_{CMR} = \left| \frac{A_d}{A_c} \right| = \frac{R_F}{R_1} \cdot \frac{U_{ic}}{U_{oc}} \tag{4.8}$$

测试原理如图 4.69 所示。K_{CMR} 的大小与频率有关，同时也与输入信号的大小和波形有关。测量的频率不宜太高，信号不宜太大。

实验中用到的参数如表 4.3 所示。

表 4.3   共模抑制比测试数据列表

V_{IC}/V	V_{OC}/V	$R_F=R/k\Omega$	C/MF	R_1、$R_2/k\Omega$
		10	10	1

5）电压转换速率 S_R 的测试

电压转换速率 S_R 定义为运放在单位增益状态下，在运放输入端施加规定的大信号阶跃脉冲电压时，输出电压随时间的最大变化率。

S_R 的测试原理如图 4.73(a)所示。测试时取 $R_I = R_F$，在输入端施加脉冲电压，从输出端见到输出波形，如图 4.73(b)所示。这时可以规定过冲量的输出脉冲电压上升沿(下降沿)的恒定变化率区间内，取输出电压幅度 ΔV_0 和对应的时间 Δt，由计算公式求出

$$S_R = \frac{\Delta V_0}{\Delta t} \quad (V/\mu s) \tag{4.9}$$

通常上升过程和下降过程不同，故应分别测出 S_R^+ 和 S_R^-。

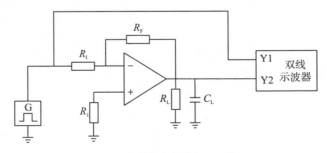

(a)电压转换速率测试原理图

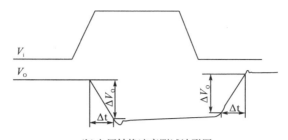

(b)电压转换速率测试波形图

图 4.73　电压转换速率测试原理与波形图

实验中用到的参数如表 4.4 所示。

表 4.4　转换速率测试数据列表

$\Delta V/V$	$\Delta t/\mu s$	$R_\mathrm{I}=R_\mathrm{F}/\mathrm{k}\Omega$
		10

6)脉冲响应时间的测试(或称为建立时间)

放大器的建立时间是指当运放的输入响应为阶跃信号时，运放的输出响应进入并保持在规定误差带的所需的时间。这个误差常见的值有 0.1%，0.05%，0.01%。脉冲响应时间包括延迟时间、上升时间、下降时间、脉动时间等，其中延迟时间是指从输入端施加规定的小信号阶跃脉冲电压至输出电压达到满幅度的 0.1 时所需要的时间；上升时间是指输出电压从满幅度的 0.1 上升到 0.9 时所需要的时间；下降时间是指输出电压从满幅度的 0.9 下降到 0.1 时所需的时间；脉动时间是指输出电压从满幅度的 0.9 到规定幅度比时所需的时间。测试原理仍如图 4.73(a)所示，取 $R_\mathrm{F}>R_\mathrm{I}$，$R_\mathrm{I}$ 远大于信号源内阻、规定的误差带为 0.1%。读取响应时间的方法如图 4.74 所示，其中 t_r 为上升时间，t_f 为下降时间，$t_{\mathrm{d}_\mathrm{r}}$ 为上升延迟时间，$t_{\mathrm{d}_\mathrm{f}}$ 为下降延迟时间，$t_\mathrm{pulse}(\mathrm{r})$、$t_\mathrm{pulse}(\mathrm{f})$ 为脉动时间。

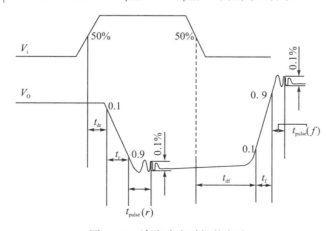

图 4.74　读取响应时间的方法

4.6.6　思考题

(1)查阅典型指标数据及引脚功能手册。

(2)测量输入失调参数时,为什么运放反相及同相输入端的电阻要精选,以保证严格对称?

(3)测试信号频率选取的原则是什么?

(4)测量失调电压时,观察电压表的读数 V_{os} 是否始终是一个定值? 为什么?

(5)实验结果与规范参数有差异的主要原因是什么?

4.7　逻辑 IC 功能和参数测试实验

4.7.1　实验目的

随着互补金属氧化物半导体(complementary metal oxide semiconductor, CMOS)技术的发展,基本 CMOS 逻辑功能集成电路(integrated circuit,IC)越来越成熟。用基本的数字逻辑单元电路可设计出复杂的数字系统,实现复杂的需求。本实验的目的是熟悉基本 CMOS 逻辑 IC 的功能和参数的物理意义,掌握其测试方法。涵盖的内容包括 CMOS 逻辑 IC 的逻辑功能、最高工作频率、功耗、传输特性、输入电流、输出驱动能力及延迟时间等。

通过本实验,使学生对课程中所学到的 CMOS 逻辑 IC 主要参数表征及其含义有更深入的理解,并加深对其的感性认识,增强学生的实验与综合分析能力,掌握 CMOS 逻辑 IC 测试的基本方法,进而为今后从事科研、开发工作打下良好基础。

4.7.2　实验原理

1. CMOS 逻辑 IC 的主要参数

在实际应用中,正确掌握 CMOS 逻辑 IC 各项参数的含义以及参数的数值大小和影响这些参数的因素对于正确使用这些器件非常重要。CMOS 逻辑 IC 的各项参数可从厂商提供的数据表和相应文件中查得。例如,从表 4.5 中可查得74HC04 的各项直流参数。以下简单介绍其中几项参数及测试方法。

表 4.5　74HC04 数据手册中的直流参数特性

符号	说明	测试条件		最小值	典型值	最大值	单位
		其他	V_{CC}/V				
		$T=25℃$；GND=0V					
V_{IH}	输入高电平值		2.0	1.5	1.2	—	V
			4.5	3.15	2.4	—	V
			6.0	4.2	3.2	—	V
V_{IL}	输入低电平值		2.0	—	0.8	0.5	V
			4.5	—	2.1	1.35	V
			6.0	—	2.8	1.8	V
V_{OH}	输出高电平值	$V_I=V_{IH}$ 或 V_{IL} $I_O=-20uA$	2.0	1.9	2.0	—	V
		$I_O=-20uA$	4.5	4.4	4.5	—	V
		$I_O=-4mA$	4.5	3.98	4.32	—	V
		$I_O=-20uA$	6.0	5.9	6.0	—	V
		$I_O=-5.2mA$	6.0	5.48	5.81	—	V
V_{OL}	输出低电平值	$V_I=V_{IH}$ 或 V_{IL} $I_O=20uA$	2.0	—	0	0.1	V
		$I_O=20uA$	4.5	—	0	0.1	V
		$I_O=4mA$	4.5	—	0.15	0.26	V
		$I_O=20uA$	6.0	—	0	0.1	V
		$I_O=5.2mA$	6.0	—	0.16	0.26	V
I_{LI}	输入漏电流	$V_I=V_{CC}$ 或 GND	6.0	—	0.1	±0.1	uA
I_{OZ}	三态输出关断电流	$V_I=V_{IH}$ 或 V_{IL} $V_O=V_{CC}$ 或 GND	6.0	—	—	±0.5	uA
I_{CC}	静态电流	$V_I=V_{CC}$ 或 GND $I_O=0$	6.0	—	—	2	uA

1）CMOS 逻辑 IC 的逻辑电平以及传输特性

CMOS 逻辑 IC 的输入、输出高低电平不是一个值，而是一个范围。输入高低电平和输出高低电平的电压范围不同，这允许输入信号具有一定的容差，称为噪声容限。典型 CMOS 逻辑 IC 系列的规格如图 4.75 所示。

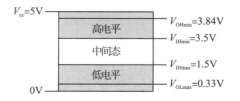

图 4.75　典型 CMOS 逻辑 IC 系列电平规格

CMOS 逻辑门的输出电压 V_o 随输入电压 V_i 变化的曲线 $V_o=f(V_i)$ 称为逻辑

门的电压传输特性，通过它可以获知该逻辑门的一些重要参数，例如，输入高低电平极值；输出高低电平范围，阈值电平及噪声容限等。当负载电路所需的驱动电流增大时，输出特性就不像理想值那样理想了，此时逻辑门的输出电压值与规定值之间有较明显的差异。当电路所需的驱动电流过大时，逻辑门的输出电压值就会落在逻辑电平未定义的区域，造成电路工作不正常。实际电路能接多大的电阻负载是以逻辑门输出电流的形式给出的。

（1）I_{OLmax}：输出低态且仍能维持输出电压不大于V_{OLmax}时，输出端能吸收的最大电流称为灌电流。

（2）I_{OHmax}：输出高态且仍能维持输出电压不小于V_{OHmax}时，输出端可提供的最大电流称为拉电流。

2）低电平输入电流I_{IL}和高电平输入电流I_{IH}

I_{IL}是指被测输入端接地，其余输入端悬空，输出端空载时，从被测输入端流出的电流。在多级门电路中，I_{IL}相当于前级门输出低电平时，后级向前级门灌入的电流，因此它关系到前级门灌电流的负载能力，即直接影响前级门电流带负载的个数，一般希望I_{IL}小些。I_{IH}是指被测输入端接高电平，其余输入端接地，输出端空载时，流入被测输入端的电流。在多级门电路中，它相当于前级门输出高电平时，前级门的拉电流负载，其大小关系前级门拉电流的负载能力，一般希望I_{IH}小些好。I_{IL}和I_{IH}的测试电路如图4.76所示。

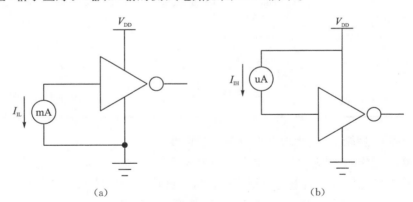

（a）   （b）

图 4.76 输入电流测试电路

3）扇出系数N_O

扇出系数N_O是指门电路能驱动同类门的个数，它是衡量门电路负载能力的一个参数，CMOS门电路有两种不同性质的负载，即灌电流负载和拉电流负载，因此有两种扇出系数，即低电平扇出系数N_{OL}和高电平扇出系数N_{OH}，两者的计算公式如下：

$$N_{OH} = \frac{I_{OHmax}}{I_{IH}}$$

$$N_{OL} = \frac{I_{OLmax}}{I_{IL}}$$

4) 传输延迟

CMOS 器件的速度取决于两个特性：转换时间（transition time）和传输延迟（propagation delay）。传输延迟是指从输入信号变化到产生输出信号变化所需的时间，即信号通过一级门所需要的时间，为了消除上升和下降时间的影响，通常取输入输出转换的终点来确定传输延迟，如图 4.77 所示。

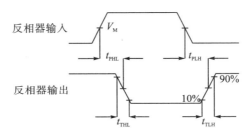

图 4.77　CMOS 逻辑电路传输延迟示意图

其中，t_{PHL} 为从输入变化到其导致输出从高电平到低电平的延迟时间；t_{PLH} 为从输入变化到其导致输出从低电平到高电平的延迟时间。

通常情况下 CMOS 电路的 t_{PHL} 和 t_{PLH} 是相等的，所以通常以平均延迟时间 t_{pd} 来表示 CMOS 逻辑电路的延迟时间：

$$t_{pd} = \frac{1}{2}(t_{PHL} + t_{PLH})$$

使电路产生延迟的主要原因有：与电路本身信号变化有关的延迟和与负载等效电容有关的延迟。由于 MOS 管的电极之间以及电极与衬底之间都存在寄生电容，尤其在反相器的输出端更是不可避免地存在着负载电容（当负载为下一级反相器时，下一级反相器的输入电容和接线电容就构成这一级的负载电容），当输入信号发生跳转时，输出电压的变化必然滞后于输入电压的变化，从而产生传输延迟。传输延迟可以从 CMOS 逻辑 IC 的数据手册中查到，比如，74HC04 的传输延迟参数如表 4.6 所示。

表 4.6　74HC04 的数据手册中传输延迟参数特性

符号	说明	V_{CC}/V	最小值	典型值	最大值	单位
			$T=25℃$			
t_{PHL}/t_{PLH}	传输延迟	2.0	—	25	85	ns
		4.5	—	9	17	ns
		6.0	—	7	14	ns

续表

符号	说明	V_{CC}/V	最小值	典型值	最大值	单位
t_{THL}/t_{TLH}	转换时间	2.0	—	19	75	ns
		4.5	—	7	15	ns
		6.0	—	6	13	ns
$T=-40\sim85℃$						
t_{PHL}/t_{PLH}	传输延迟	2.0	—	—	0.5	ns
		4.5	—	—	21	ns
		6.0	—	—	18	ns
t_{THL}/t_{TLH}	转换时间	2.0	—	—	95	ns
		4.5	—	—	19	ns
		6.0	—	—	16	ns
$T=-40\sim120℃$						
t_{PHL}/t_{PLH}	传输延迟	2.0	—	—	130	ns
		4.5	—	—	26	ns
		6.0	—	—	22	ns
t_{THL}/t_{TLH}	转换时间	2.0	—	—	110	ns
		4.5	—	—	22	ns
		6.0	—	—	19	ns

5)最高工作频率 f_{max}

在额定的负载下，保持正确的逻辑关系和额定的波形幅度，电路所能承受的最大输入脉冲频率称为该逻辑 IC 的最高工作频率，记为 f_{max}。最高工作频率取决于 CMOS 逻辑 IC 在动态工作过程中的充放电速度。

6)功耗 P_W

CMOS 逻辑 IC 的功率损耗主要分为两部分：静态功耗(static power dissipation)和动态功耗(dynamic power dissipation)。静态功耗是指电路的输出不改变时所消耗的功率，多数 CMOS 电路的静态功耗是很低的。动态功耗是指电路在状态转换时所消耗的功率。动态功耗主要由两部分贡献：一是输出状态转换时所引起的电路内部的功耗，记为 P_T；二是输出端上电容性负载，记为 P_L。电路在状态转换时，内部消耗的功耗可以等价于一个电容 C_{PD} 所消耗的功耗，则 P_T 可表示为 $P_T=C_{PD} \cdot V_{dd}^2 \cdot f$；另外，$P_L$ 可表示为 $P_L=C_L \cdot V_{dd}^2 \cdot f$。CMOS 电路总的动态功耗可表示为

$$P_D = P_T + P_L = (C_{PD} + C_L) \cdot V_{dd}^2 \cdot f$$

2. 编码器与显示译码器的应用

1)74LS148 优先编码器

编码器能够将数字系统输入的信息(如字幕、符号等)转换成二进制代码。编码器分为键控编码器和优先编码器。键控编码器是指每当按下一个按键时,在编码器的输出端就会出现对应的二进制代码,但同时按下两个或者两个以上的按键时,输出的状态就会发生紊乱。优先编码器是指当两个或者两个以上的输入端发出输入请求时,只对其中优先级最高者响应的编码器。74LS148 就是一种具有 8 输入,3 输出的优先编码器。图 4.78 为 74LS148 的引脚图,表 4.7 为 74LS148 的功能表。

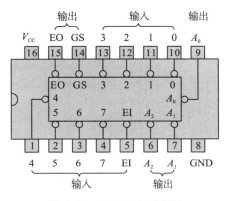

图 4.78　74LS148 引脚图

表 4.7　74LS148 功能表

输入									输出				
EI	0	1	2	3	4	5	6	7	A2	A1	A0	GS	EO
1	*	*	*	*	*	*	*	*	1	1	1	1	1
0	1	1	1	1	1	1	1	1	1	1	1	1	0
0	*	*	*	*	*	*	*	0	0	0	0	0	1
0	*	*	*	*	*	*	0	1	0	0	1	0	1
0	*	*	*	*	*	0	1	1	0	1	0	0	1
0	*	*	*	*	0	1	1	1	0	1	1	0	1
0	*	*	*	0	1	1	1	1	1	0	0	0	1
0	*	*	0	1	1	1	1	1	1	0	1	0	1
0	*	0	1	1	1	1	1	1	1	1	0	0	1
0	0	1	1	1	1	1	1	1	1	1	1	0	1

由功能表可以看出,只有当编码器的使能输入端 $\overline{EI}=0$ 时,编码器才进行编码工作,否则编码器输出全 1。编码器的输入端是低电平有效的,并且优先级从输入端 0 递增到输入端 7。A_2,A_1,A_0 是编码器的输出端,以二进制反码的形式对输入信号进行编码。GS 为扩展端,GS$=0$ 时表示 A_2,A_1,A_0 是编码器的输出;GS$=1$ 时表示 A_2,A_1,A_0 不是编码器的输出。EO 为使能输出端,主要

用于级联，通常接到低位片的选$\overline{EI}$，当本片的$\overline{EI}=0$且没有有效编码输入时，EO=0才允许低位片进行编码。

2）数码管显示器

LED 七段显示器分为共阴极和共阳极两种，彼此的显示译码器也各不相同。七段显示译码器是将电信号转换为光信号的显示器件，图 4.79 是其外形结构示意图和内部发光二极管连接方式示意图。对于共阳极七段显示器，当输入为低电平时发光二极管发光；对于共阴极七段显示器，当输入为高电平时发光二极管发光。因此，共阳极七段显示器需要低电平有效的译码驱动器来驱动，共阴极七段显示器需要高电平有效的译码驱动器来驱动。有的 LED 显示器带有小数点，一般用 dp 表示。

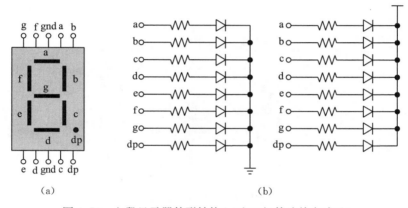

图 4.79　七段显示器外形结构（a）和二极管连接方式（b）

3）显示译码器 74LS47

译码器的工作原理同编码器相反，它是将二进制代码转换成对应信息的器件。它的输入必须是二进制代码，输出或者为特定的控制信息，或者为另一种类型的代码。为了驱动七段 LED 显示器，需要一种输入是 8421BCD 码，输出是由 a，b，c，d，e，f，g 构成的另一种码的译码器。显示译码器 74LS47 是一个用于驱动共阳 LED 显示器的 BCD 码-七段码译码器，它的引脚图如图 4.80 所示，它的逻辑功能如表 4.8 所示。

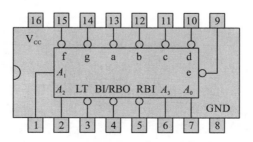

图 4.80　74LS47 译码驱动器的引脚图

表 4.8　74LS47 译码驱动器的功能表

显示数据	1输入							输出						
	LT	RBI	A3	A2	A1	A0	BI/RBO	a	b	c	d	e	f	g
0	1	1	0	0	0	0	1	0	0	0	0	0	0	1
1	1	*	0	0	0	1	1	1	0	0	1	1	1	1
2	1	*	0	0	1	0	1	0	0	1	0	0	1	0
3	1	*	0	0	1	1	1	0	0	0	0	1	1	0
4	1	*	0	1	0	0	1	1	0	0	1	1	0	0
5	1	*	0	1	0	1	1	0	1	0	0	1	0	0
6	1	*	0	1	1	0	1	1	1	0	0	0	0	0
7	1	*	0	1	1	1	1	0	0	0	1	1	1	1
8	1	*	1	0	0	0	1	0	0	0	0	0	0	0
9	1	*	1	0	0	1	1	0	0	0	1	1	0	0
10	1	*	1	0	1	0	1	1	1	1	0	0	1	0
11	1	*	1	0	1	1	1	1	1	0	0	1	1	0
12	1	*	1	1	0	0	1	1	0	1	1	1	0	0
13	1	*	1	1	0	1	1	0	1	1	0	1	0	0
14	1	*	1	1	1	0	1	1	1	1	0	0	0	0
15	1	*	1	1	1	1	1	1	1	1	1	1	1	1
BI	*	*	*	*	*	*	0	1	1	1	1	1	1	1
RBI	1	0	0	0	0	0	0	1	1	1	1	1	1	1
LT	0	*	*	*	*	*	1	0	0	0	0	0	0	0

从功能表可以看出，A_3，A_2，A_1，A_0 为 8421BCD 码的输入端，$\bar{a}$，$\bar{b}$，$\bar{c}$，$\bar{d}$，$\bar{e}$，$\bar{f}$，$\bar{g}$ 为译码输出端，输出低电平有效。$\overline{LT}$ 为试灯输入端，低电平有效。当 $\overline{LT}$ 有效时，不管其他引脚的输入端状态如何，数码管七段均发光，显示"8"。$\overline{BI}/\overline{RBO}$ 为灭灯输入/输出使能端。当 $\overline{LT}=1$，$\overline{BI}/\overline{RBO}=0$ 时，不管其他引脚输入端状态如何，数码管七段均不发光；当 $\overline{LT}=1$，$\overline{BI}/\overline{RBO}=1$ 时，输出使能，译码器输出端随输入端的变化而变化。

3. 基本 RS 和 D 触发器的应用

一般来讲，触发器具有两个稳定的状态，分别为逻辑电平"1"和"0"。触发器在一定的外部信号作用下，可以从一个稳定的状态转换到另一个稳定的状态，它是一个具有记忆功能的二进制信息存储器件，是构成各种时序电路的最基本的逻辑单元。按逻辑功能的不同划分，触发器可以分为 RS 触发器、JK 触发器、D 触发器和 T 触发器。

1)基本 RS 触发器

基本 RS 触发器如图 4.81(a)所示，它的逻辑符号如图 4.81(b)所示。可以看到，它是由两个与非门的输入端和输出端交叉耦合而成。通常，如果强调输入是低电平有效，则与非门构成的基本 RS 触发器可称为$\overline{RS}$触发器。

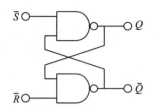
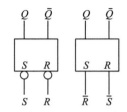

(a)与非门构成的 RS 触发器原理图   (b)与非门构成的 RS 触发器逻辑符号

图 4.81   与非门构成的 RS 触发器原理图和逻辑符号

基本 RS 触发器有直接置位、复位的功能，是组成各种功能触发器的最基本的单元，其逻辑功能如表 4.9 所示。

表 4.9   与非门构成的 RS 触发器逻辑功能表

$\overline{R}$	$\overline{S}$	Q^{n+1}	$\overline{Q^{n+1}}$
0	0	1	1
0	1	0	1
1	0	1	0
1	1	Q^n	$\overline{Q^n}$

需要注意的是，如果 RS 触发器的$\overline{R}$和$\overline{S}$同时改变，则输出状态将会不确定，触发器进入亚稳态或者振荡状态；在实际应用中，应尽量避免两个输入端同时发生改变，同时，也尽量避免两个输入端都同时有效的状态，例如，两个输入端都同时为“0”。

2)D 触发器

在数字计算机和其他数字系统中，经常需要利用触发器的存储功能实现数据的存储，这就需要触发器只有一根输入线，且输出状态与输入状态一致，基于这种考虑，人们设计制造出了 D 触发器。D 触发器的状态方程为 $Q^{n+1}=D$。当 D 触发器的时钟脉冲沿来临时，输出状态根据输入状态发生更新操作，因此 D 触发器的状态只取决于时钟沿来临时输入端 D 的状态。现代数字电路系统中，D 触发器被广泛应用于数字信号寄存、分频和波形发生等领域。

74LS74 是一款内部集成为两个 D 触发器的数字专用 IC，其引脚分配及功能如图 4.82 所示。它的功能表如表 4.10 所示。

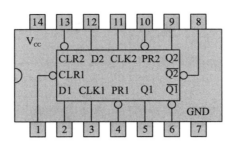

图 4.82 74LS74 的引脚分配和功能

表 4.10 74LS74 的功能表

输入				输出	
PR	CLR	CLK	D	Q	$\overline{Q}$
0	1	*	*	1	0
1	0	*	*	0	1
1	1	↑	1	1	0
1	1	↑	0	0	1
1	1	0	*	Q_0	$\overline{Q_0}$

可以看出，74LS74 含有异步置位和异步清零端，且都是低电平有效。当 PR＝0 且 CLR＝1 时，电路强制置位，输出端 Q 将输出高电平；当 PR＝1 且 CLR＝0 时，电路强制清零，输出端 Q 将输出低电平；当 PR＝1 且 CLR＝1 时，输出端的状态在 CLK 上升沿的时刻被决定；在非 CLK 时钟上升沿的时刻，输出端的状态将保持。

4. 同步计数器及其应用

在数字电路中，能够记录输入脉冲个数的电路称为计数器。计数器是组成数字电路系统的必不可少的部分，它除了用来记录输入脉冲的个数，还被用于分频、程序控制以及逻辑控制等。中规模集成计数器种类很多，其分类方式大致有三种。第一种是按照数制的模数分类，可以分为二进制计数器、十进制计数器和 N 进制计数器等。第二种是按照脉冲的输入方式不同来分类，可分为同步计数器和异步计数器两类。同步计数器的各触发器在时钟沿来临时全部同时翻转，并产生进位信号，其特点是速度快，工作频率高，译码时不会产生尖峰信号。异步计数器中的计数脉冲是逐级传递的，高位触发器的翻转必须在低位触发器的翻转之后才能发生，因此异步计数器的特点是计数慢，工作频率不高，且在译码时输出端会出现不应有的尖峰信号，然而相比于同步计数器，异步计数器电路结构简单，连线少，成本低，因此常用于一般低速场合。第三种是按照计数方式分类，可以分为递增计数器、递减计数器和可逆计数器。可逆计数器具有递增控制和递减控制的特性，可支持单时钟工作或者双时钟工作。

1）四位二进制同步计数器 74LS163

在实际应用中使用的计数器是专用计数器，不需要人为地使用单个触发器来构建。74LS163 是模 16 的四位二进制同步计数器，该计数器能同步并行预置数据，同步清零，具有清零、置数、计数和保持四种功能，并且具有进位信号输出，可串接计数器使用，其引脚分配如图 4.83 所示，功能如表 4.11 所示。

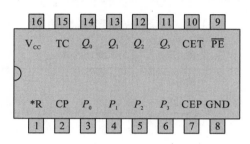

图 4.83　74LS163 引脚分配图

表 4.11　74LS163 逻辑功能表

*R	PE	CET	CEP	时钟上升沿功能
0	*	*	*	复位(清零)
1	0	*	*	置数($P_n \rightarrow Q_n$)
1	1	1	1	自增计数
1	1	0	*	保持
1	1	*	0	保持

74LS163 中的 $P_0 \sim P_3$ 是并行预置数据输入端；$Q_0 \sim Q_3$ 是并行数据输出端；CP 为时钟信号输入端；输入端 $*R$ 是同步清零端，低电平有效，当 $*R=0$ 时，不管其他输入端的状态如何，在 CP 脉冲沿作用下，输出端 $Q_0 \sim Q_3$ 为 0000；CEP 和 CET 是使能信号输入端，高电平有效，在正常计数时，需要保证同步清零和同步置数信号均无效，且 CEP 和 CET 需同时有效，如果 CEP 和 CET 有一个或者一个以上无效，则计数器将处于保持状态；$\overline{PE}$ 是置数信号输入端，低电平有效，在同步清零信号无效的情况下，如果置数有效，那么当 CP 的脉冲沿来临时，预置好的数据将会送到并行输出端口，此时 $Q_0 \sim Q_3 = P_0 \sim P_3$；TC 是进位输出端，高电平有效，当且仅当计数使能 CET=1 且计数输出为 15 时，TC 才有效。

2）N 进制计数器

N 进制计数器是指其计数从最小到最大一共有 N 个状态。由于 74LS163 是模 16 计数器，所以它有 0000～1111 共 16 种状态。利用 74LS163 的同步预置端和同步清零端，可分别采用置位法和复位法，从而很方便地实现 N 进制计数器。这里的 N 被限制在 2 和计数器的模值之间。下面将分析 4 种用于实现 N 进制计数器的方法，分别是预置端复位法、反馈清零法、进位输出端置最小数法和检测最大数置最小数法。

预置端复位法，是指取前 N 个状态构成 N 进制计数器的方法。它是当计数达到最大模值时，使预置控制信号有效，于是在第 N 个时钟脉冲的作用下通过数据输入端并行置入 0000，使计数器返回到初始状态并重新开始计数。图 4.84 为利用预置端复位法构成的 4.10 进制计数器。

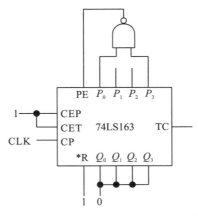

图 4.84　利用预置端复位法构成的 10 进制计数器

反馈清零法，是指利用 74LS163 的同步清零端，当 N 进制计数器从 0 到 $N-1$ 计数时，利用必要的组合逻辑检测计数值 $N-1$ 是否到来，如果到来则组合逻辑的输出为低电平，组合逻辑的输出直接接到 74LS163 的同步清零端，从而实现计数清零。如图 4.85 所示，是 74LS163 利用反馈清零法构成的 10 进制计数器。如果计数器的清零端是异步清零，意味着一旦清零信号有效，计数器的输出端将被直接复位到 0，因此计数值 $N-1$ 将被计数值 N 代替来被检测并且产生清零信号。值得注意的是，当计数值 N 出现时，检测组合逻辑输出低电平，直接控制计数器异步清零，从而计数值 N 是暂态，随着输出变为 0，清零信号也将无效。整个过程存在竞争的可能，因此会出现不可靠清零现象，并且 N 这个瞬间出现的状态会使计数器出现毛刺，所以在使用异步清零时需格外谨慎。

进位输出端置最小数法，是指利用 74LS163 的后 N 个状态构成 N 进制计数器，并且利用进位位控制计数器置数，从而实现 N 进制计数器的方法。当达到最大计数值 15 时，进位位 TC 有效，将它取反后直接置最小数到输出端，则下一个 CP 脉冲来临时计数器的输出端将直接变为预置的最小数，于是计数器重新开始计数，从而实现 N 进制计数功能。如图 4.86 所示，利用 74LS163 从最小值 0110 计数到 1111，从而构成 10 进制计数器。

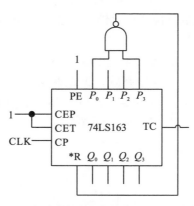

图 4.85　利用反馈清零法构成的 10 进制计数器

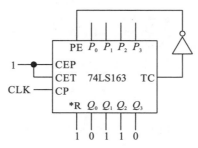

图 4.86　利用进位输出端置最小数法构成的 10 进制计数器

检测最大数置最小数法，是指取 74LS163 中间 N 个状态构成计数器的方法。可使用组合逻辑来检测所选取的 N 个状态中的最大值，当最大值出现时，组合逻辑输出低电平，组合逻辑的输出数直接连到预置端，从而下个时钟沿到来时将预置的最小数置于计数器的输出端，从而实现 N 进制计数器。

3）分频器

计数器又称为分频器，N 进制的进位输出脉冲就是计数器输入时钟脉冲的 N 分频。N 进制计数的低位就是计数器输入时钟脉冲的 2 分频，N 进制计数的次低位就是计数器输入时钟脉冲的 4 分频。

4.7.3　实验内容

（1）验证异或门和反相器的逻辑功能。将反相器测试 PCB 板连接到稳压电源，通过逻辑开关在反相器输入端分别加高电平和低电平，观察反相器的输出；将异或门测试 PCB 板连接到稳压电源，通过逻辑开关在异或门的两个输入端加不同的输入电平组合，观察异或门的输出。

（2）测量基本反相器的时延参数。将反相器测试 PCB 板连接到稳压电源上，将 CD4069 中的 6 个非门配置成首尾相连形式，测量逻辑门电路的时延参数。在输入端输入 250kHz 的 TTL 信号，用双踪示波器观测输入、输出的传输延迟时间，计算每个门的平均传输延迟时间 t_{pd} 的值。

（3）基本反相器电压传输特性测试。将反相器测试 PCB 板连接到稳压电源上，利用 CD4069 中的一个反相器，通过可调电阻调节输入端的电压，使输入信号从低电平逐步升高到高电平，用示波器或万用表逐点测量输入和输出，绘制反相器电压传输特性曲线。

（4）编码-译码-显示系统的搭建和测试。利用 74LS148、74LS47、74LS00 等测试 PCB 模块，搭建指定的编码-译码-显示系统。该系统可以实现优先编码、8421BCD 译码、数码管显示数据等功能。将该系统连接到稳压电源，对该系统给定不同的输入电平组合，观测并记录编码器的编码输出以及数码管显示值。

（5）RS 触发器基本功能测试。利用双 74LS00 与非门测试 PCB 模块搭建基本 RS 触发器。将基本 RS 触发器连接到稳压电源，在基本 RS 触发器的输入端加不同电平组合，观测 RS 触发器的输出。

（6）D 触发器 74LS74 功能测试。将 74LS74 D 触发器测试 PCB 模块连接到稳压电源，在触发器的置位端、复位端以及输入信号端分别加不同的输入电平组合，测试 D 触发器的置位、复位功能及逻辑功能。

（7）触发器计数功能测试。将 74LS74 D 触发器测试 PCB 模块连接成行波计数器，实现行波计数或分频的功能。将该计数器连接到稳压电源，在输入端加脉冲源，测试计数器的计数功能。

（8）74LS163 同步计数器功能测试。利用 74LS163 同步计数器测试 PCB 模块搭建自由计数器。计数器的两个计数使能信号都接高电平，清零端和置数端也都接高电平，脉冲输入端接单脉冲源，可手动控制脉冲的发生。将该同步计数器系统连接到稳压电源，手动添加脉冲个数，通过 LED 显示灯观察计数序列及进位输出端的状态变化。

4.7.4　实验设备与器材

（1）数字逻辑测试 PCB 一套。

（2）模拟双踪示波器一台。

（3）信号发生器一台。

（4）万用表一台。

（5）基本逻辑芯片系列若干。

（6）导线若干。

（7）稳压电源一台。

4.7.5　实验步骤

1)验证异或门和反相器的逻辑功能

(1)将异或门 CD4070 测试 PCB 板连接到稳压电源,检查电路是否连接正确。

(2)利用 PCB 板上的逻辑开关对异或门加不同的输入电平,观察指示灯的亮灭情况并完成表 4.12。

表 4.12　CD4070 的逻辑功能表

逻辑开关(输入)	指示灯(输出)
0	0
0	1
1	0
1	1

(3)将异或门 CD4070 测试 PCB 板换成反相器 CD4069 测试 PCB 板,测试并完成表 4.13。

表 4.13　CD4069 的逻辑功能表

逻辑开关(输入)	指示灯(输出)
0	
1	

2)测量基本反相器的时延参数

(1)将反相器 CD4069 测试 PCB 板配置成串接形式,如图 4.87 所示;连接稳压电源,检查电路是否连接正确,在输入端输入 250kHz 的 TTL 信号。

图 4.87　CMOS 反相器传输延迟时间测量电路

(2)用双踪示波器观测输入、输出的波形,测量从输入到输出的延迟时间,并计算每个门的平均传输延迟时间 t_{pd} 的值。

3)基本反相器电压传输特性测试

(1)按如图 4.88 所示,在反相器 CD4069 测试 PCB 板上配置该电路。可调电阻 R_W 用于调节输入端的电压,从而实现从 0 到 V_{DD} 的变化。检查电路是否连接正确,并将 PCB 板连接到稳压电源。

(2)通过可调电阻 R_W 使反相器的输入信号从低电平逐步升高到高电平,用示波器或万用表逐点测量输入和输出,绘制反相器电压传输特性曲线。

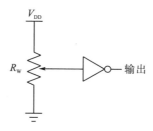

图 4.88　反相器电压传输特性曲线测试

4)编码-译码-显示系统的搭建和测试

(1)按如图 4.89 所示,利用 74LS148、74LS47、74LS00 等测试 PCB 模块,搭建编码-译码-显示系统。编码器的输入端连接到逻辑开关。搭建完毕后反复检查电路是否连接正确,并将该系统连接到稳压电源。

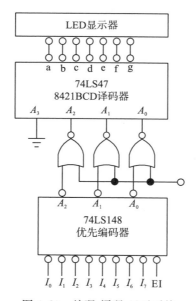

图 4.89　编码-译码-显示系统

(2)通过逻辑开关向编码器的输入端输入不同的电平,观测编码器的编码输出,并将其直接译码后的显示输出和取反译码后的显示输出记录在表 4.14 中。

表 4.14　编码输出和译码输出实验结果

编码输入								编码输出			译码输出	
$\bar{I}_0$	$\bar{I}_1$	$\bar{I}_2$	$\bar{I}_3$	$\bar{I}_4$	$\bar{I}_5$	$\bar{I}_6$	$\bar{I}_7$	A_2	A_1	A_0	直接译码显示	取反后译码显示
1	1	1	1	1	1	1	1					
0	0	0	0	0	0	0	0					
0	1	0	0	1	0	0	1					

续表

编码输入								编码输出	译码输出
0	1	1	1	0	0	1	1		
1	0	1	1	0	1	1	1		
0	1	0	0	1	1	1	1		
1	1	0	1	1	1	1	1		
0	0	1	1	1	1	1	1		
0	1	1	1	1	1	1	1		

5)RS 触发器基本功能测试。

(1)如图 4.90 所示，利用 75LS00 测试 PCB 模块搭建 RS 触发器。R 和 S 接 PCB 上的逻辑开关输出端，并且开始时置 R 和 S 为高电平；Q 和 $\bar{Q}$ 接指示灯输入。

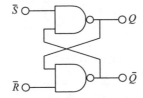

图 4.90　用于实验的 RS 触发器电路图

(2)连接好电路后检查电路是否连接正确，打开稳压电源，观察指示灯的显示状态。

(3)改变电路的连接状态，用一个逻辑开关同时控制 R 和 S 输入端，用来模拟 RS 触发器的输入同时改变的状态。多次切换该控制开关，观察触发器的输出是否改变，并且分析原因。

(4)改变电路的连接状态，分别用两个逻辑开关控制 R 和 S 输入端，固定其中一个输入然后改变另一个输入，观察电路输出状态的变化，测试并完成表 4.15。

表 4.15　RS 触发器逻辑功能测试

$\bar{R}$	$\bar{S}$	Q	$\bar{Q}$
1	1→0		
	0→1		
1→0	1		
0→1			

6)D 触发器 74LS74 功能测试

(1)在 74LS74 测试 PCB 模块上将一个 D 触发器的 PR，CLR，D 端分别接到逻辑开关的输出上，CLK 端接单次脉冲源，Q 和 $\bar{Q}$ 接 LED 显示灯的输入端。检查电路是否连接正确，并将 PCB 连接到稳压电源。

(2)电路上电，完成 D 触发器置位、复位功能的测试，并将测试结果记录到表 4.16 中。

表 4.16 D 触发器异步清零、置位测试结果

CLR	PR	D	CLK	Q^{n+1}	
				$Q^n = 0$	$Q^n = 1$
0	0	*	*		
0	1	*	*		
1	0	*	*		
1	1	*	*		

(3)在时钟端 CLK 上依次加单次脉冲，观察不同输入时输出的状态转换，测试并完成表 4.17。

表 4.17 D 触发器逻辑功能测试结果

CLR	PR	D	CLK	Q^{n+1}	
				$Q^n = 0$	$Q^n = 1$
1	1	0	0→1		
			1→0		
		1	0→1		
			1→0		

7)触发器计数功能测试。

(1)如图 4.91 所示，在 74LS74 测试 PCB 模块上将两个 D 触发器连接成 2 位行波计数器，CLK 端输入 10kHz 的 TTL 信号，计数输出端接到 LED 指示灯的输入上，检查电路是否连接正确，并将 PCB 连接到稳压电源。

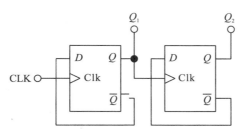

图 4.91 D 触发器构成 2 位行波计数器

(2)电路上电，用双踪示波器观测并记录 CLK、Q_1、Q_2 的波形。

8)74LS163 同步计数器功能测试

(1)利用 74LS163 测试 PCB 模块搭建自由计数器。计数器两个计数使能信号都接高电平，清零端和置数端也都接高电平，脉冲输入端接单脉冲源，计数器的输出和进位输出接 LED 指示灯的输入。检查电路是否连接正确，并将系统连接到稳压电源。

(2)手动添加脉冲，记录连续 18 次脉冲下计数器的输出和进位端的输出状态，并完成表 4.18。

表 4.18   74LS163 自由计数状态下输出测试表

脉冲个数	$P_3P_2P_1P_0$	TC	脉冲个数	$P_3P_2P_1P_0$	TC
1			10		
2			11		
3			12		
4			13		
5			14		
6			15		
7			16		
8			17		
9			18		

(3)改变电路的连接状态，用逻辑开关分别去控制两个计数使能端、清零端和置数端，手动添加脉冲，继续观察电路的输出状态，熟练掌握 74LS163 的各种使用方法。

4.7.6   思考题

(1)为什么 CMOS 集成门电路多余的输入端不能悬空？

(2)在显示译码器内部，输出端是具有上拉电阻的，如果没有上拉电阻，会对显示系统造成什么样的影响？是否有补救措施？

(3)能否用共阴 LED 显示驱动器驱动共阳 LED 显示器？如果能，电路如何连接？

(4)如何用 D 触发器搭建 N 位异步计数器？能否用 D 触发器搭建一个 N 位同步计数器？如果能，请给出三位同步计数器的原理图。

(5)在 74LS163 自由计数模式中，4 个计数输出端分别是计数脉冲的多少分频？进位输出端又是时钟脉冲输入的多少分频？它们各自的占空比又是多少？

主要参考文献

[1] Campbell S A. 微电子制造科学原理与工程技术(第二版). 曾莹, 等, 译. 北京: 电子工业出版社, 2007.

[2] 施敏. 半导体器件物理与工艺 2. 赵鹤鸣, 等, 译. 苏州: 苏州大学出版社, 2002.

[3] Franssila S. 微加工导论. 北京: 电子工业出版社, 2006.

[4] 崔铮. 微纳米加工技术及其应用. 北京: 高等教育出版社, 2013.

[5] 王蔚, 田丽, 任明远. 集成电路制造技术-原理与工艺(修订版). 北京: 电子工业出版社, 2013.

[6] 谢孟贤, 刘国维. 半导体工艺原理(上册). 北京: 国防工业出版社, 1980.

[7] Schroder D K. Semiconductor Material and Device Characterization(Third Edition). New York: A John Wiley&Sons, Inc., Publication, 2006.

[8] 蒋文波, 胡松. 传统光学光刻的极限及下一代光刻技术. 微纳电子技术, 2008, 45(6): 361~364

[9] Quirk M, Serda J. 半导体制造技术. 韩郑生等译. 北京: 电子工业出版社, 2007.

[10] 维捷斯拉夫·本达, 约翰·戈沃, 邓肯 A·格兰特. 功率半导体器件-理论及应用. 吴郁, 等, 译. 北京: 化学工业出版社, 2005.

[11] 潘桂忠. MOS 集成电路工艺与制造技术. 上海: 上海科学技术出版社, 2012.

[12] 韩阶平, 侯豪情, 邵逸凯. 适用于剥离工艺的光刻胶图形的制作技术及其机理讨论. 真空科学与技术, 1994, 14(3): 215~219.

[13] 陈光红, 于映, 罗仲梓, 等. AZ5214E 反转光刻胶的性能研究及其在剥离工艺中的应用. 功能材料, 2005, 36(3): 431~434.

[14] 孙恒慧, 包宗明. 半导体物理实验. 北京: 高等教育出版社, 1985.

[15] 九院校编写组. 微电子学实验教程. 南京: 东南大学出版社, 1992.

[16] Wakerly J F. 数字设计原理与实践(原书第 4 版). 林生等译. 北京: 机械工业出版社, 2007.

[17] 陈英. 电子技术应用实验教程(基础篇). 成都: 电子科技大学出版社, 2011.